Wissenschaftliche Beiträge aus dem Tectum Verlag

Reihe Nachhaltigkeitswissenschaft

Wissenschaftliche Beiträge
aus dem Tectum Verlag

Reihe Nachhaltigkeitswissenschaft
Band 5

Dirk Schulte-Tickmann

Was ist Nachhaltigkeit?

Naturphilosophische Reflexionen auf einen vielfältig verwendeten Begriff

Tectum Verlag

Dirk Schulte-Tickmann
Was ist Nachhaltigkeit?
Naturphilosophische Reflexionen auf einen vielfältig verwendeten Begriff
Wissenschaftliche Beiträge aus dem Tectum Verlag,
Reihe: Nachhaltigkeitswissenschaft; Bd. 5

ISBN 978-3-8288-4844-3
ePDF 978-3-8288-7963-8
ISSN 2749-0092

Umschlagabbildung: # 6089024 von Petar Ubiparip | pixabay.com

Gesamtverantwortung für Druck und Herstellung
bei der Nomos Verlagsgesellschaft mbH & Co. KG

Printed in Germany

Besuchen Sie uns im Internet
www.tectum-verlag.de

Bibliografische Informationen der Deutschen Nationalbibliothek
Die Deutsche Nationalbibliothek verzeichnet diese Publikation
in der Deutschen Nationalbibliografie; detaillierte bibliografische
Angaben sind im Internet über http://dnb.d-nb.de abrufbar.

Inhalt

1. Einleitung

„Nachhaltigkeit“ ist in aller Munde. Auf politischer, wirtschaftlicher, wissenschaftlicher und medial vermittelter Ebene kommt kaum ein Beitrag, eine Rede, ein Programm, eine Debatte, eine Forschungsinitiative, ein beworbenes Produkt oder eine Agenda ohne diesen Begriff aus. National und international wird unter Rückbezug auf „Nachhaltigkeit“ die zukünftige Entwicklung der Menschen und Menschheit als Ganzes, nicht selten kontrovers, diskutiert. Immer wieder wird hierbei spätestens in den Debatten selbst deutlich, dass sich hinter dem zunächst vermeintlich einheitlichen Gebrauch ganz unterschiedliche Interpretationen des Begriffs durch die verschiedenen Akteure verbergen. Auch Herman E. Daly stellt fest, dass den Begriff der „Nachhaltigkeit“ jeder mag, obwohl offenbar niemand so genau zu wissen scheint, was er eigentlich bedeutet.[1]

So scheinen trotz aller Mehrdeutigkeit große Teile der Öffentlichkeit mit dem Begriff etwas grundsätzlich „Gutes“, „Wünschenswertes“, „Legitimes“ zu verbinden: Von „Erhaltung“, „Gerechtigkeit“, „Zukunft“, „Ressourcen“, „Fortschritt“, („Verzicht“) und/oder „einer Entwicklung zum Besseren für alle Menschen“ ist die Rede.[2] Gleichzeitig wird von unterschiedlichen Stellen darauf aufmerksam gemacht, dass der nahezu unauf-

1 Vgl. Herman E. Daly: Wirtschaft jenseits von Wachstum, Salzburg 1999, S. 16. Siehe auch Klaus Mathis: Nachhaltige Entwicklung und Generationengerechtigkeit. Eine interdisziplinäre Studie aus rechtlicher, ökonomischer und philosophischer Sicht, hrsg. von Wolfgang Kahl, Tübingen 2017, S. 194. – Daher wird, solange innerhalb dieser Analyse nicht zumindest zu einem differenzierteren begrifflichen Verständnis dessen, was „Nachhaltigkeit“ meinen könnte vorgedrungen wurde, der Begriff in Anführungszeichen gesetzt.

2 Vgl. Udo Kuckartz, Anke Rheingans-Heintze: Trends im Umweltbewusstsein. Umwelt-

haltsam erscheinenden Karriere des Begriffs nur recht durchwachsene faktische Erfolgsbilanzen gegenüber stehen, wenn es um die Umsetzung vermeintlich „nachhaltigen Verhaltens“ geht.[3] Exemplarisch lassen sich in diesem Zusammenhang folgende Phänomene[4] nennen, die meist als Teil oder Konsequenz eines „*nicht* nachhaltigen Verhaltens“ gedeutet werden und die miteinander in vielfältiger Weise verbunden zu sein scheinen: schrumpfende Biodiversitätindizes, zunehmende Flächenversiegelung, zunehmender Verlust von als „wild“ eingestuften Flächen, global steigender Energiehunger und daran gekoppelt steigende CO_2-Emissionen, steigende Überfischungskennwerte, wachsender globaler Hunger nach endlichen Rohstoffen (z. B. seltene Erden), weltweit wachsende Abfallmengen, weltweite Zunahme von Wasser- und Windkraftprojekten, kontinuierliches Wachstum der menschlichen Population, durch Menschen verursachte Klimaverschiebungen, schmelzende Polkappen, zunehmende Migrationsbewegungen großer menschlicher Gruppen, Zunahme „schädlicher“ Substanzen in Boden, Luft und Wasser.

„Nachhaltigkeitsabsichten“ und scheinbar „nicht nachhaltige“ Effekte stehen sich somit, möglicherweise ganz im Sinne von Max Horkheimers

gerechtigkeit, Lebensqualität und persönliches Engagement, Wiesbaden 2006, S. 16–17.

3 Vgl. Martin Sebaldt: Sustainable Development: Karriere und Entfaltung einer entwicklungspolitischen Strategie, in: Jan Geiss u. a. (Hrsg.): Nachhaltige Entwicklung – Strategie für das 21. Jahrhundert? Eine interdisziplinäre Annäherung, Opladen 2003, S. 76. Siehe auch: Glen P. Peters u.a. Towards Real-time Verification of CO_2 Emissions, in: Nature Climate Change 7 (2017), S. 848–850, URL: https://doi.org/10.1038/s41558-017-0013-9, Stand: 26.09.2022. Corinne Le Quéré u.a.: Trends in the Sources and Sinks of Carbon Dioxide, in: Nature Geoscience 2 (2009), S. 831–836, URL: https://doi.org/10.1038/ngeo689, Stand: 26.09.2022. Jonathan Franzen: Wann hören wir endlich auf, uns etwas vorzumachen? Gestehen wir uns ein, dass wir die Klimakatastrophe nicht verhindern können, übersetzt von Bettina Abarbanell, Hamburg 2020, S. 43ff. Claus Leggewie, Harald Welzer: Das Ende der Welt, wie wir sie kannten. Klima, Zukunft und die Chancen der Demokratie, Frankfurt am Main 2009, S. 72–73.

4 Der Begriff „Phänomen“ wird in der Philosophie und den Wissenschaften mehrdeutig verwendet. Unter Phänomenen sollen in dieser Analyse, und Bernulf Kanitscheider folgend, Erscheinungen verstanden werden, in denen sich gewissermaßen „Spuren der Dinge“ zeigen und die somit als teilweise Repräsentationen einer realen Wirklichkeit verstanden werden könnten (vgl. Bernulf Kanitscheider: Im Innern der Natur. Philosophie und Moderne Physik, Darmstadt 1996, S. 108).

und Theodor Adornos Analyse der „Dialektik der Aufklärung“, negativ dialektisch gegenüber.[5] Vor dem Hintergrund dieses offenbar, trotz globaler Prominenz, nur vagen Verständnisses des Begriffs und vermeintlichen Diskrepanzen zwischen den möglichen „(ethischen) Forderungen“ des Begriffs und der empirisch wahrnehmbaren ökologisch[6]-sozialökonomischen Dynamik auf diesem Planeten, stellt dieser Artikel den Versuch dar, erstens einen differenzierteren Blick auf den Begriff als solchen zu werfen und zweitens Bedingungen, Möglichkeiten und Grenzen seiner „Umsetzbarkeit“ auszuloten. Es ist der Versuch, zu einem tiefergehenden Verständnis des Phänomens „Nachhaltigkeit“ vorzudringen.

Auf der Grundlage der hier nun eingangs skizzierten Situation um den Begriff der „Nachhaltigkeit“ drängen sich zwei grundsätzliche Fragen auf, die die begriffliche Analyse des Konzepts der „Nachhaltigkeit“ im Folgenden dann leiten sollen:

1) Gibt es so etwas wie einen semantischen Kern dessen, was der Begriff und/oder Konzepte der „Nachhaltigkeit“ gemeinsam haben? (Etwas alltagssprachlicher formuliert: Was ist unter dem Begriff und/oder Konzepten der „Nachhaltigkeit“ im Kern zu verstehen?)
2) Lassen sich, einen (oder mehrere) Nachhaltigkeitsbegriff(e) vorausgesetzt, Konzepte der „Nachhaltigkeit“ auf der Ebene des empirisch wahrnehmbaren Verhaltens von Menschen überhaupt ausmachen? (Und wenn ja, unter welchen Bedingungen?)

5 Vgl.: Max Horkheimer, Theodor W. Adorno: Dialektik der Aufklärung. Philosophische Fragmente, Frankfurt am Main 1988, S. 234ff. Markus Brüderlin: Avantgarde der Entschleunigung. Bewegung und Ruhe in der Kunst der Moderne von Goethe über Caspar David Friedrich bis Ai Weiwei, in: Markus Brüderlin (Hrsg.): Die Kunst der Entschleunigung, Ostfildern 2011, S. 16.

6 Das Adjektiv „ökologisch“ wird hier in enger Anlehnung an das biologische Verständnis der Teildisziplin der Biologie, namentlich der Ökologie, verwendet. Die Ökologie bezeichnet hierbei die Wissenschaft der Wechselbeziehungen zwischen bestimmten Organismen und ihrem Umfeld, die deren Verbreitung und Häufigkeit bestimmen (vgl. Neil A. Campbell, Jane B. Reece: Biologie, hrsg. von Jürgen Markl, München 2006, S. 1307).

Genau an dieser Stelle scheint sich ein interessantes Betätigungsfeld für die philosophische Analyse und Reflexion aufzutun. Da es traditionellerweise vielleicht schon immer zentrale Aufgabe der Philosophie war a) Begriffe bzw. Konzepte zunächst inhaltlich und in ihren Beziehungen zu anderen Begriffen zu charakterisieren[7] und b) diese Begriffe und Konzepte dann aus einer Perspektive der näherungsweisen Unparteilichkeit heraus in ihrer Ausprägung und Gestalt zu verstehen, in einen größeren Zusammenhang einzuordnen und zu beurteilen.[8]

Mit „näherungsweiser Unparteilichkeit" mag hier eine mehr oder weniger „neutrale" Grundhaltung im „Denken und Betrachten" gemeint sein, die sich zunächst nicht gemein macht mit bestimmten, womöglich gesellschaftlich geteilten und akzeptierten Denkmustern und seien diese vermeintlich noch so „wünschenswert", sondern die Dinge[9] selbst, bei aller Schwierigkeit des Begriffs, ins Zentrum der Betrachtung stellt.[10]

Ausgehend von einer so verstandenen philosophischen Grundhaltung ist dann auch philosophische Reflexion und Betrachtung wohl nie vollkommen „neutral". Vielmehr basiert sie, je nach philosophischer Schule, auf anderen Voraussetzungen und somit einer jeweils etwas anderen Perspek-

7 Vgl.: Simon Blackburn: Denken. Die großen Fragen der Philosophie, übersetzt von Gudrun Schäfer, Darmstadt 2001, S. 13. Peter Bieri: Untergräbt die Regie des Gehirns die Freiheit des Willens? in: Christof Gestrich, Thomas Wabel (Hrsg.): Freier oder unfreier Wille? Handlungsfreiheit und Schuldfähigkeit im Dialog der Wissenschaften, Berlin 2005, S. 30.

8 Immanuel Kant: Kritik der Urteilskraft, hrsg. von Roland Poferl, Köln 2015 (1790), S. 172–173. Bertrand Russell: Probleme der Philosophie, übersetzt von Eberhard Bubser, Frankfurt am Main 1967, S. 139–142.

9 Unter den Begriffen „Dinge", „Objekte" oder „Gegenstände" werden jeweils spezifische Objektsysteme verstanden, die Teile einer erfahrungsmäßig zugänglichen, aber gleichzeitig bewusstseinsunabhängigen, materiell-energetisch fundierten „Wirklichkeit" oder synonym dazu „Realität" oder „Natur" darstellen. Die „Wirklichkeit", „Realität" oder „Natur" bildet dann die Summe jener spezifischen Objektsysteme (vgl. Gerhard Vollmer: Auf der Suche nach der Ordnung. Beiträge zu einem naturalistischen Welt- und Menschenbild, Stuttgart 1995 [1985], S. 28, 30–31).

10 Vgl.: Bertrand Russell: Interview, in: John Freeman (Hrsg.): Face to Face with John Freeman. Interviews from the BBC TV Series, London 1989, S. 47. Jürgen Leinemann, Cordt Schnibben: „Cool bleiben, nicht kalt." Der Fernsehmoderator Hanns Joachim Friedrichs über sein Journalistenleben. In: Der Spiegel Nr. 13/1995, S. 113, URL: https://magazin.spiegel.de/EpubDelivery/spiegel/pdf/9176410, Abruf: 27.09.2022.

tive. Die Perspektive, die der hier nun erfolgenden begriffliche Analyse dessen, was unter der Überschrift der „Nachhaltigkeit" im öffentlichen Raum diskutiert wird, zugrunde liegt, lässt sich als *nichtreduktiver Naturalismus* bezeichnen, welcher stark von sogenannten Selbstorganisationstheorien geprägt ist. Beide Konzepte, nichtreduktiver Naturalismus und Selbstorganisationstheorien, werden im Folgenden noch, soweit dies für das Verständnis hier wesentlich ist, darzustellen sein. Argumentationsstrategisch wird somit dieser (nichtreduktive) Naturalismus vorausgesetzt und sodann mit Rekurs auf Selbstorganisationstheorien argumentativ eine systematische und in diesem Sinne theoriegeleitete Analyse und Präzisierung von „Nachhaltigkeitskonzepten" erfolgen (deduktive Argumentationsrichtung). Theorien der Selbstorganisation dienen in diesem Kontext einstweilen *noch*, aufgrund der an einigen Stellen zu diesem Zeitpunkt unzureichenden empirischen Datenbasis für den humanen, ganze Sozietäten abbildenden Bereich, als zu Grunde gelegte Heuristik. Weitergehende Forschungsinitiativen wären hier wünschenswert und könnten möglicherweise durch die hier formulierten, auf Selbstorganisationsphänomene im sozialen Bereich Bezug nehmenden Gedanken und Erklärungsskizzen inspiriert werden. Einige Abschnitte der hier vorliegenden Analyse wurden in diesem Kontext bereits vorab veröffentlicht in: Dirk Schulte-Tickmann: Einheit und Vielfalt des Wissens. Ein naturalistischer Entwurf auf Basis aktueller Selbstorganisationstheorie, Berlin 2022. Diese sind an den entsprechenden Stellen in den Fußnoten kenntlich gemacht.

Aus dieser nichtreduktiven, naturalistischen Perspektive können dann möglicherweise interessante Antworten auf die beiden oben formulierten Fragen gegeben werden – im Besonderen auf die zweite Frage. Es soll gezeigt werden, so die zentralen Thesen (*Haupt*- und Unterthesen[11]), die der Darstellung hier nun vorangestellt werden sollen, *dass*,

– wenn man in Anlehnung an Hans Küng unter „Nachhaltigkeit" „[...] eine Entwicklung versteht, bei der die natürlichen Grundlagen so

11 Die drei hier im Folgenden aufgelisteten drei zentralen Thesen sind ihrerseits nochmal in Haupt- und Unterthesen gegliedert. Die Hauptthesen sind kursiv gedruckt. Die jeweils darauf folgenden und sich auf diese Hauptthesen beziehenden Unterthesen sind normal gedruckt.

erhalten bleiben, dass die Lebensverhältnisse der heutigen Generation [zumindest qualitativ; Ergänzung d. Verf.] auch für die kommenden Generationen als Angebote bestehen bleiben [...]"[12] –,

1) *dieses ethisch-theoretische Konzept, in einem starken Sinne gedeutet als tatsächliche Erhaltung oder „Konservierung" spezifischer (globaler und „gerechter") Systemzustände[13], implizit oder explizit bestimmte (anthropologische) Voraussetzungen bzw. Annahmen enthält, die nur schwer vereinbar scheinen mit der empirisch wahrnehmbaren, kontinuierlichen Entwicklungs- oder Wandlungsfähigkeit offener Systeme innerhalb der Natur.* Als solche können auch einzelne Menschen und diese als Teil bestimmter ökologisch-sozial-ökonomischer Systeme mitsamt ihrer Kulturprodukte gedeutet werden. Die Dynamik dieser offenen Systeme kann dann durch Prinzipien von Selbstorganisationstheorien (in Ansätzen) erfolgreich beschrieben und erklärt werden.
2) *gezeigt und in Ansätzen erklärt werden kann, dass „Nachhaltigkeit" als ein ethisch-theoretisches Konzept dennoch unter bestimmten Bedingungen in bestimmten ökologisch-sozial-ökonomischen Systemen kollektiv geteilt wird und dann auch in einem schwachen Sinne, verstanden als Verschiebung und/oder Verlangsamung von spezifischen Energie- und Stoffwechselprozessen, „wirksam" wird.* („Wirksam" im Sinne eines empirisch wahrnehmbaren Verhaltens von Menschen als Teile bestimmter ökologisch-sozial-ökonomischer Systeme.)
3) *aus 1) und 2) heraus gezeigt werden kann, dass ein ethisch-theoretischen Konzept, wie die „Nachhaltigkeit", in bestimmten ökologisch-sozial-ökonomischen Systemen ein „prominentes begriffliches Eigenleben" führen kann, welches in Abhängigkeit von den jeweiligen Kontexten zu ganz unterschiedlichen Manifestationen auf der Ebene der empirisch wahrnehmbaren Kognitions-Emotions-Verhaltens-*

12 Hans Küng: Das Weltethos. Hinführung – Begründung – Konkretisierung, in: Helmut Reinalter (Hrsg.): Perspektiven der Ethik, Innsbruck, Wien, München 1999, S. 361.

13 Der Systembegriff wird im Unterkapitel „Die naturphilosophische Perspektive: Nicht-reduktiver Naturalismus" genauer charakterisiert.

muster und daran gekoppelter Energie- und Stoffwechselprozesse führen kann. Dies scheint nicht selten dem Gedanken einer Verlangsamung jener Prozesse oder gar der Erhaltung spezifischer Systemzustände, und somit zumindest dem was „Nachhaltigkeit“ in einem starken Sinne meinen könnte, entgegen zu stehen.

Um diese Thesen nun argumentativ zu untermauern, soll in einem ersten Schritt der mehrdeutig erscheinende, historisch gewachsene Begriff der „Nachhaltigkeit“ inhaltlich klarer umrissen werden. Im Anschluss wird dann die dieser Analyse zugrunde liegende naturphilosophische Perspektive des nichtreduktiven Naturalismus und die für diesen maßgeblichen Selbstorganisationstheorien in wesentlichen Zügen dargestellt. Schließlich werden die oben zum Begriff der „Nachhaltigkeit“ aufgelisteten Thesen 1–3 aus der Perspektive dieses nichtreduktiven Naturalismus argumentativ untermauert.

2. Nachhaltigkeit – Versuch einer Begriffsbestimmung

Die Schwierigkeiten hinsichtlich einer genaueren Bestimmung des Begriffs „Nachhaltigkeit" spiegelt zunächst recht eindrücklich die Auflistung von rund 60 Definitionen des Begriffs durch den Ökonomen John Pezzey aus dem Jahr 1992 wieder, an dessen Ende dieser zu der Feststellung gelangt, dass „[t; Ergänzung d. Verf.]he diversity of and conflicts between these definitions is self-evident, showing that sustainability is fast becoming a „motherhood and apple pie" concept, which everyone supports but no one defines consistently."[14]

Obwohl der Begriff der „Nachhaltigkeit" also offenbar vielfältige Deutungen und Lesarten eröffnet, soll doch hier der Versuch unternommen werden einen mehr oder weniger allgemein gültigen Bedeutungskern dessen was „Nachhaltigkeit" sein könnte herauszuarbeiten.

Um sich einer allgemein akzeptierten Bedeutung des Begriffs zu nähern, der dann Gegenstand der weiteren Analyse sein kann, scheint es sinnvoll die Herkunft des Begriffs etwas genauer zu betrachten. Etymologisch leitet sich, so rekonstruiert Klaus Mathis, das deutsche Adjektiv „nachhaltig" von dem Substantiv „Nachhalt" ab, welches „was man zurückbehält" bedeutet und welches wiederum von dem Verb „nachhalten" abgeleitet ist, das die Bedeutung von „andauern, wirken, anhalten" trägt. „Nachhalten" ist seinerseits wiederum als Erweiterung zu „halten" zu sehen, was so viel wie „hüten, schützen, bewahren" bedeutet. Das Präfix „nach" leitet sich

14 John Pezzey: Sustainable Development Concepts: An Economic Analysis, Washington D.C. 1992, S. 1.

von „nah(e)" ab und drückt die Begriffskomponente der „Beständigkeit", des „Weiterlebens" und der Dauer aus.[15]

Das englische Pendant „sustain" leitet sich von dem lateinischen Wort „sustinere" ab, welches sich im Deutschen mit „aushalten, aufrechterhalten, tragen, stützen, bewahren, etwas zurückhalten" übersetzen lässt. Vor allem diese letzte Übersetzung kommt dann der oben ausgeführten Bedeutung von „nachhalten" schon sehr nahe, wie Ulrich Grober feststellt.[16] Auch wenn sich die Perspektiven der beiden Begriffe womöglich etwas unterscheiden, weil „sustinere" vielleicht eher die Anordnung der Objekte im Raum und die „Tragfähigkeit einer bestimmten Struktur" ins Zentrum stellt. Während „nachhalten" vermeintlich eher den „Zeitaspekt" betont.[17] So sind sich beide Begriffe auf der (semantischen oder) Bedeutungsebene sehr nahe, indem sie gemeinsam die „andauernde Wirkung von etwas" betonen.[18] In diesem Kontext ist dann vor allem der deutsche Begriff schon früh zu einem fachsprachlichen Terminus geworden und hat damit eine für die Nachhaltigkeitsdebatte wesentliche inhaltliche Zuspitzung erfahren. So avancierte das Kunstwort „Nachhaltigkeit" im 19. Jahrhundert zum zunächst nur deutschen dann auch international akzeptierten Leitbegriff des Forstwesens. Er drückt seit dieser Zeit die „Verpflichtung" aus, bestimmte „nachwachsende Ressourcen" nur so zu nutzen, dass sie in ihrem Bestand nicht vermindert werden und sie so für zukünftige Generationen „nachzuhalten".[19] Diese sich zunächst nur auf rein physische Res-

15 Vgl. Mathis, Nachhaltige Entwicklung und Generationengerechtigkeit, S. 66–67.

16 Vgl. Ulrich Grober: Die Entdeckung der Nachhaltigkeit. Kulturgeschichte eines Begriffs, München 2010, S. 19–20.

17 Vgl. Grober, Die Entdeckung der Nachhaltigkeit, S. 20.

18 Vgl. Mathis, Nachhaltige Entwicklung und Generationengerechtigkeit, S. 68. – Daran anknüpfend wird der Begriff auch in der Alltagssprache nicht selten einfach im Sinne von „wirksam, eindrucksvoll, effektvoll" verwendet (vgl. Mathis, Nachhaltige Entwicklung und Generationengerechtigkeit, S. 68).

19 Vgl. Grober, Die Entdeckung der Nachhaltigkeit, S. 20. – Auch wenn der Ursprung der Nachhaltigkeitskonzepte über die entsprechenden schriftlichen Zeugnisse der europäischen Forstwirtschaft zugeschrieben wird, scheinen die Ursprünge einer hier beschriebenen „nachhaltigen Praxis" älter, wie Dieter Birnbacher und Christian Schicha festhalten. So ließe sich bereits für früheste Jäger- und Sammlergesellschaften ein „schonender Umgang" mit jeweiligen Wildbeständen eines bejagten Gebietes nachweisen oder zumindest vermuten (vgl. Dieter Birnbacher, Christian Schicha: Vorsorge statt Nachhaltigkeit – ethische Grundlagen der Zukunftsverantwortung, in: Dieter

sourcen beziehende betriebswirtschaftliche Handlungsregel, welche die mögliche Erhaltung einer bestimmten ökonomischen Nutzbarkeit ins Zentrum stellt, wurde für den deutschsprachigen Raum vor allem durch Hans von Carlowitz, Heinrich Cotta und Ludwig Hartig verbreitet.[20] So hält von Carlowitz in seinem 1713 erschienenen Werk „Sylvicultura Oeconomica, oder Haußwirthliche Nachricht und Naturmäßige Anweisung Zur Wilden Baum-Zucht“ fest:

> „Wird derhalben [sic] die größte Kunst, Wissenschafft [sic], Fleiß, und Einrichtung hiesiger Lande darinnen [sic] beruhen, wie eine sothane (solche) Conversation und Anbau des Holtzes anzustellen, daß [sic] es eine continuirliche [sic] beständige und nachhaltende Nutzung gebe, weiln [sic] es eine unentberliche [sic] Sache ist, ohne welche das Land in seinem Esse (Wesen, Dasein) nicht bleiben mag.“[21]

Einen Wald in diesem Sinne „nachhaltig“ nutzen, bedeutet dann, gemäß Mathis, dass in einem Jahr so viel genutzt werden kann, dass dauerhaft die gleiche Menge an Ertrag möglich ist.[22] In der Folge wurde dieses Konzept dann auch in weiteren europäischen Ländern, im angelsächsischen Raum und in den sogenannten ehemaligen Ostblockstaaten verbreitet und auf andere nachwachsende Ressourcen ausgeweitet, wie beispielsweise die Austernwirtschaft.[23]

Im 19. Jahrhundert wird das Konzept der „Nachhaltigkeit“, weiterhin als physisches Konzept, auf mehrere Ressourcen oder ganze Ökosysteme ausgeweitet. Es geht somit nicht mehr nur um die Erhaltung des Waldes mitsamt seiner holzwirtschaftlichen Leistung, sondern auch um die Erhaltung eines bestimmten „Landschaftsbildes“, einer gegebenen Schutz-

---

Birnbacher, Gerd Brudermüller [Hrsg.]: Zukunftsverantwortung und Generationensolidarität, Würzburg 2001, S. 25).

20 Vgl. Mathis, Nachhaltige Entwicklung und Generationengerechtigkeit, S. 80, 86.

21 Hans Carl von Carlowitz: Sylvicultura Oeconomica, oder Haußwirthliche Nachricht und Naturmäßige Anweisung Zur Wilden Baum-Zucht, hrsg. von Klaus Irmer, Angela Kießling, Freiberg 2000 (1713), S. 105f. Mathis, Nachhaltige Entwicklung und Generationengerechtigkeit, S. 73.

22 Vgl. ebd. S. 87.

23 Vgl. ebd. S. 80–81.

wirkung (beispielsweise Wasserspeicherung oder Schutz vor Erosion) oder des Erholungswertes des Waldes. All diese Aufgaben oder Funktionen sollen durch eine vorausschauende Bewirtschaftung auf Dauer gesichert bzw. erhalten werden.[24]

In einem nächsten Schritt wurde das Konzept dann in einem globalen Sinne auf ganze Wirtschafts- und Sozialsysteme übertragen. Da spätestens im 20. Jahrhundert sowohl durch die Naturwissenschaften (Ökologie, Thermodynamik, systemtheoretische Ansätze) als auch durch bestimmte Teile der Wirtschaftswissenschaften (neoklassische Ökonomie, Behavioral Economics) deutlich gemacht wurde, dass Stoff- und Energieflüsse, seien sie nun Teil des Lebensprozesses eines Lebewesens oder eines ökonomischen Prozesses, nie isoliert sondern stets in einem spezifischen Umfeld stattfinden und somit bestimmte Manipulationen an diesen letztlich immer kollektiven oder globalen Charakter im Hinblick auf die jeweiligen Effekte besitzen.[25] Zentral ist in diesem Zusammenhang der sogenannte Brundtland-Bericht, der 1987 von der Weltkommission für Umwelt und Entwicklung (World Commission on Environment and Development [WCED]) im Auftrag der UNO unter dem Vorsitz der ehemaligen norwegischen Ministerpräsidentin Gro Harlem Brundtland und unter dem Titel „Our Common Future“ ausgearbeitet wurde. Innerhalb dieses Berichts werden die Begriffe „sustainable“ und „development“ zu „sustainable development“, „nachhaltige Entwicklung“, kombiniert. Der in diesem Zusammenhang eingeführte Entwicklungsbegriff scheint hierbei jedoch weit weniger auf den gesetzesartig fundierten Entwicklungsbegriff, so wie er in der Evolutions- oder Entwicklungsbiologie Verwendung findet, zu rekurrieren. Vielmehr wird versucht eine allgemeine Idee des

24 Vgl. ebd. S. 77.

25 Vgl. ebd. S. 408. – Der Ökonom Michael Jacobs drückt dieses Bewusstsein für den „globalen Zusammenhangscharakter“ wirtschaftliche Handelns wie folgt aus: „We might (perhaps) expect people to pay individually for clean air or a beautiful landscape, since these goods provide individual benefit. But there is something profoundly odd about the idea of privately „purchasing“ the control of climate change, prevention of desertification or maintenance of species (or even the elimination of toxic waste). These are quintessentially collective decisions, affecting everyone“ (Michael Jacobs: Sustainability and Markets. On the Neo-classical Model of Enviromental Economics, in: Michael Kenny, James Meadowcroft [Hrsg.]: Planning Sustainability, London, New York 1999, S. 87).

Fortschritts, der Modernisierung oder des Prozesses in eine bestimmte gewünschte Richtung zu unterstreichen.[26] Die beiden Begriffe „Nachhaltigkeit“ und „nachhaltige Entwicklung“ werden heute meist synonym verwendet.[27] Von hier aus wurde der „Nachhaltigkeitsbegriff“ zum Leitmotiv beispielsweise auch für die 1992 in Rio de Janeiro abgehaltene UNO-Konferenz über Umwelt und Entwicklung und die hier verabschiedete Rio-Deklaration über Umwelt und Entwicklung oder die „Agenda 21“.[28]

Auch wenn es eine verbindliche und letztgültige Definition des Begriffs „Nachhaltigkeit“ wohl nicht zu geben scheint, ist doch die im Brundtland-Bericht zu findende Bestimmung des Begriffs bis heute maßgebend. „Nachhaltigkeit“ oder „nachhaltige Entwicklung“ wird hier wie folgt definiert: „Sustainable development is development that meets the needs of the present without compromising the ability of future generations to meet their own needs.“[29] In der deutschen Übersetzung von Grober heißt es dann dementsprechend: „Nachhaltige Entwicklung ist eine Entwicklung, welche die Bedürfnisse der gegenwärtigen Generation befriedigt, ohne die Fähigkeit zukünftiger Generationen zu gefährden, ihre eigenen Bedürfnisse zu befriedigen.“[30]

Aus dieser Bestimmung dessen, was „nachhaltige Entwicklung“ sein soll, werden dann innerhalb des Brundtland-Berichts bestimmte mehr oder weniger konkrete Verhaltensregeln abgeleitet, die die Menschen weltweit als Teilnehmer an einem global verstandenen ökologisch- sozial-ökonomischen Gesamtsystem („Weltwirtschaft“) berücksichtigen *sollen* und die an dieser Stelle helfen den Begriff der „Nachhaltigkeit“ weiter auszudifferenzieren. Mathis fast diese wie folgt zusammen:

---

26 Vgl. Mathis, Nachhaltige Entwicklung und Generationengerechtigkeit, S. 67, 102.

27 Vgl. Simon Dresner: The Principles of Sustainability, London 2008, S. 71. Siehe auch Mathis, Nachhaltige Entwicklung und Generationengerechtigkeit, S 102.

28 Vgl. ebd. S. 88.

29 World Commission on Environment and Development (WCED): Report of the World Commission on Environment and Development. Our Common Future, Oslo 1987, S. 41, URL: https://sustainabledevelopment.un.org/content/documents/5987our-common-future.pdf, Stand: 27.09.22.

30 Grober, Die Entdeckung der Nachhaltigkeit, S. 20–21.

> „1. Berücksichtigung der Bedürfnisse der heutigen und der zukünftigen Generationen (intergenerationelle Gerechtigkeit);
> 2. Priorität der Bedürfnisse der Ärmsten der Welt und Bekämpfung der Armut (intragenerationelle Gerechtigkeit);
> 3. Erhaltung der Umwelt, zumindest ihre grundlegenden Funktionen (Naturerhaltungsgrundsatz);
> 4. Integration der Wirtschafts-, Sozial- und Umweltpolitik.“[31]

Zentral für das Konzept „Nachhaltigkeit“ scheinen somit, soviel kann an dieser Stelle als Zwischenergebnis festgehalten werden, die Forderung nach einem noch näher zu bestimmenden mehr oder weniger „*gerechtem* Verhalten“ und einem Verhalten, welches der „*Erhaltung*“ (von etwas) dient.

Hans Küng und Thomas Mohrs weisen in diesem Zusammenhang darauf hin, dass dieses hier implizierte „Sollen“ im Kontext der „Nachhaltigkeit“ zunächst eine ethische Dimension beinhaltet, die spezifische Handlungs- oder Verhaltensregeln formuliert oder fordert[32], die nicht nur von Teilen der Ökonomie, der Politik oder den angewandten Wissenschaften (re-)produziert wurden und werden. Darüber hinaus lassen sie sich auch in bestimmten ethischen Denkschulen finden, die den gegenwärtigen Zustand bzw. die Entwicklung der ökologisch-sozial-ökonomischen Zusammenhänge auf diesem Planeten als problematisch bewerten. Als *ein* prominenter Vertreter kann in diesem Kontext zunächst Hans Jonas gelten, der in seinem Werk „Das Prinzip Verantwortung“ in Anlehnung an den allseits bekannten kategorischen Imperativ Immanuel Kants einen sogenannten „Imperativ der Verantwortung“ formuliert, der wesentliche oben bereits genannte Bestimmungsstücke des Konzepts „Nachhaltigkeit“ wiederzugeben scheint. Jonas Imperativ lautet wie folgt: „Handle so, daß [sic] die Wirkungen deiner Handlungen verträglich sind mit der Permanenz echten menschlichen Lebens auf Erden.“[33] Jonas wird nicht selten im Kon-

31 Mathis, Nachhaltige Entwicklung und Generationengerechtigkeit, S. 124–125.

32 Vgl. Küng, Das Weltethos, S. 361. Thomas Mohrs: Unfit für Nachhaltigkeit? Überlegungen zur Kompatibilität von „Nachhaltigkeit“ mit unserer „ersten Natur“, in: Jan Geiss, David Wortmann, Fabian Zuber (Hrsg.): Nachhaltige Entwicklung – Strategie für das 21. Jahrhundert? Eine interdisziplinäre Annäherung, Opladen 2003, S. 178.

33 Hans Jonas: Das Prinzip Verantwortung. Versuch einer Ethik für die technologische Zivilisation, Frankfurt 1979, S. 36.

text von „Nachhaltigkeitsdebatten" genannt[34], weil sein Imperativ und der in diesem formulierte Gedanke eines menschlichen Verhaltens, was mit der „Permanenz" der Spezies Mensch verträglich ist, den für „Nachhaltigkeitskonzepte" wesentlichen Aspekt der „Erhaltung eines bestimmten Zustandes", hier des Daseins des Menschen auf diesem Planeten, als zentrale, konkrete Verhaltensnorm zu implizieren scheint.

Inwiefern Jonas Imperativ auch den für „Nachhaltigkeitskonzepte" womöglich zentralen Gedanken der (intergenerationellen) Gerechtigkeit beinhaltet, wird offen diskutiert und kann und soll an dieser Stelle nicht weiter vertieft werden.[35] *Dass* dieser Aspekt für „Nachhaltigkeitskonzepte" über den Brundtland-Bericht hinaus zentral zu sein scheint, zeigt sich dann beispielhaft an den „Nachhaltigkeitsdefinitionen" der Philosophen Eve-Marie Engels und Hans Küng, die explizit Bezüge zu zukünftigen Generationen und der Forderung nach annähernd vergleichbaren Lebensverhältnissen im Sinne der Idee der intergenerativen Gerechtigkeit herstellen. So formuliert Engels zunächst noch etwas offen: „Unter „Nachhaltigkeit" verstehe ich eine Form des Umgangs mit der Natur, die das langfristige Überleben heutiger und zukünftiger Generationen von Pflanzen, Tieren und Menschen sichert."[36] Bei Küng wird die Idee der „Gerechtigkeit" im Sinne einer ‚Vergleichbarkeit', unter Rekurs auf Ortwin Renn, schon präziser benannt:

34 Siehe beispielsweise: Mathis, Nachhaltige Entwicklung und Generationengerechtigkeit, S. 469. Armin Grunwald, Jürgen Kopfmüller: Nachhaltigkeit, Frankfurt am Main 2006, S. 27. Bernd-Olaf Küppers: Wissen statt Moral. Fünf Thesen zur Wissensgesellschaft, Köln 2010, S. 125ff.

35 Vgl. Mathis, Nachhaltige Entwicklung und Generationengerechtigkeit, S. 488.

36 Eve-Marie Engels: Von der naturethischen Einsicht zum moralischen Handeln. Ein Problemaufriss, in: Axel Beyer (Hrsg.): Fit für Nachhaltigkeit? Biologisch-anthropologische Grundlagen einer Bildung für nachhaltige Entwicklung, Opladen 2002, S. 163. Engels schließt in ihre Definition neben dem Menschen auch andere Organismen mit ein. Inwiefern sich das Konzept der Nachhaltigkeit über eine rein anthropozentrische Perspektive hinaus, wie hier möglicherweise angedeutet wird, auch patho-, bio- oder physiozentrisch deuten lässt, soll an dieser Stelle nicht weiter verfolgt werden (vgl. Mathis, Nachhaltige Entwicklung und Generationengerechtigkeit, S. 127. Angelika Krebs: Naturethik im Überblick, in: dies. [Hrsg.]: Naturethik. Grundtexte der gegenwärtigen tier- und ökoethischen Diskussion, Frankfurt am Main 1997, S. 345).

> „Unter ‚Nachhaltigkeit' verstehe ich ‚eine Entwicklung, bei der die natürlichen Grundlagen so erhalten bleiben, dass die Lebensverhältnisse der heutigen Generation auch für die kommenden Generationen als Angebote bestehen bleiben (O. Renn: Ökologisch denken- sozial handeln: Zur Realisierung einer nachhaltigen Entwicklung, Redemanuskript 1994).' Also schlicht gesagt: Es darf den Folgegenerationen nicht wesentlich schlechter gehen als uns!"[37]

Offen bleibt an dieser Stelle, und auch die Durchsicht weiterer Teile der „Nachhaltigkeitsliteratur" hilft hier nicht weiter, von welchem Gerechtigkeitsbegriff in diesem Zusammenhang tatsächlich ausgegangen wird. Intuitiv scheint jedoch in aller Regel ein Verständnis vorzuherrschen, das legen auch die soeben vorgestellten Zitate nahe, nach dem, in Anlehnung an Aristoteles, Gerechtigkeit *zunächst* als „Vergleichbarkeit", begrifflich klarer als „Gleichheit" oder „Ausgleich" verstanden wird.[38] Mit Amartya Sen könnte man dann weiter fragen: „Equality of what?"[39] Die normative, gerechtigkeitstheoretische Frage danach, was denn genau, zumindest näherungsweise, „gleich" sein soll zwischen den Menschen der *gegenwärtigen* Generationen lässt sich dann *erweitern*, indem danach gefragt wird, was darüber hinaus womöglich auch für *zukünftige* Generationen gleich sein oder bleiben soll.

Spätestens diese Erweiterung führt dann zum zweiten für „Nachhaltigkeitskonzepte" zentralen Begriff der „Erhaltung" und der analog zu Sen formulierbaren Frage danach, was intra- und intergenerationell erhalten werden soll – „Preservation of what?". Die Begriffe der „Gerechtigkeit", verstanden als „Gleichheit", und „Erhaltung" bedingen sich somit, zumindest im Kontext der „Nachhaltigkeitsdebatte", möglicherweise gegenseitig. Offen ist nach wie vor jedoch noch immer, was nun möglicherweise „gleich(wertig)" erhalten werden soll? Und so hält auch Brian Barry mit Blick auf „Nachhaltigkeitskonzepte" fest: „The core concept of sustainability is, I suggest, that there is some X whose value should be maintained,

37 Küng, Das Weltethos, S. 361.

38 Vgl. Aristoteles: Nikomachische Ethik, übersetzt von Eugen Rolfes, Leipzig 1911, Buch V, 5, 6, 7, URL: https://www.projekt-gutenberg.org/aristote/nikomach/titlepage.html, Stand: 29.09.22.

39 Vgl. Amartya Sen: Equality of What? The Tanner Lecture on Human Values, Cambridge 1980, S. 195–220.

in as far as it lies within our power to do so, in the indefinite future."[40] Was unter dieser zu erhaltenden Größe X zu verstehen ist, bleibt vage.[41] Küng spricht von „natürlichen Grundlagen", „vergleichbaren Lebensverhältnissen". Engels von „Sicherung des Überlebens". Der Brundtland-Bericht zunächst von „Fähigkeiten zur Bedürfnisbefriedigung". Insgesamt, so fasst Mathis zusammen, scheint es bei Konzepten der „Nachhaltigkeit" um die Erhaltung bestimmter Voraussetzungen, Potentiale oder Hinterlassenschaften für zukünftige Generationen zu gehen.[42]

Die ökonomische „Nachhaltigkeitsliteratur" spricht in diesem Zusammenhang vom sogenannten „Kapitalstock" (*K*), der erhalten werden soll, um ein bestimmtes Einkommen (eine bestimmte „Wohlfahrt") auch zukünftigen Generationen möglich zu machen. Der Kapitalstock *K* wird in diesem Zusammenhang zunächst aufgegliedert in Naturkapital (*KN*), Maschinenkapital (*KM*), Humankapital (*KH*) und Sozialkapital (*KS*). Das Naturkapital beinhaltet Rohstoffe, Energie, und „Naturreservate, Landschaften und Ökosysteme", wie Mathis feststellt. Das Maschinenkapital umfasst Werkzeuge, Maschinen, Gebäude und Verkehrswege. Das Humankapital enthält bestimmte menschliche Fähigkeiten, Fertigkeiten und Wissen und das Sozialkapital bezieht sich auf die Beziehungen zwischen Individuen untereinander und mit den Institutionen. Dieser „Kapitalstock" wird dann von unterschiedlichen Vertretern innerhalb der „Nachhaltigkeitsdebatte" unterschiedlich gedeutet. Vertreter eines *schwachen* Konzepts von „Nachhaltigkeit" halten dann, wenn es um die Erhaltung dieses Kapitalstocks geht, die verschiedenen Kapitalarten für grundsätzlich austauschbar oder substituierbar. So kann Naturkapital beispielsweise verbraucht werden, wenn Maschinen- oder Humankapital dem entsprechend aufgestockt wird. Maßgeblich ist hier somit lediglich die am effektiven Gesamtkapital orientierte Bilanzierung im Sinne der folgenden einfachen Gleichung: $K = KN + KM + KH + KS = const.$[43] Wilfred Beckerman kritisiert, dass das Konzept der schwachen „Nachhaltigkeit" zu kei-

40 Brian Barry: Sustainability and Intergenerational Justice, in: Andrew Dobson (Hrsg.): Fairness and Futurity. Essays on Environmental Sustainability and Social Justice, Oxford, New York 1999, S. 101.

41 Vgl. Mathis, Nachhaltige Entwicklung und Generationengerechtigkeit, S. 163.

42 Vgl. ebd. S. 162, 166.

43 Vgl. Mathis, Nachhaltige Entwicklung und Generationengerechtigkeit, S. 165–167.

ner grundsätzlichen Veränderung im bereits etablierten (neoklassischen ökonomischen) Verhalten innerhalb einer Gesellschaft führen würde[44]:

> „For if the choice between preserving natural capital and adding to (or preserving) manmade capital depends on which makes the greatest contribution to welfare the concept of sustainable development becomes redundant. [...] For it appears now that what society should aim at is not ‚sustainability', but the maximisation of welfare. In other words, it should pursue the old-fashioned economist's concept of ‚optimality'."[45]

David Pearce und Giles Atkinson kommen zu dem Schluss, dass, dieses von Beckerman hier skizzierte Verständnis vorausgesetzt, dann die überwiegende Mehrheit der vornehmlich auf der Nordhalbkugel angesiedelten Industrieländer und somit die gesamte Weltwirtschaft als im schwachen Sinne „nachhaltig" zu bezeichnen wäre.[46] Dies würde a) bedeuten, dass der Verbrauch fossiler Brennstoffe, die Reduktion der Biodiversität oder die Folgen der durch Menschen beeinflussten Klimaerwärmung mit einem schwachen Konzept von „Nachhaltigkeit" vereinbar seien und b), dass die intuitiv im Begriff der „Nachhaltigkeit" mitschwingende Kritik am vorherrschenden Verhalten vor allem der Menschen der Industrieländer obsolet sei.[47] Der (ethische) Begriff der „Nachhaltigkeit" scheint somit, zumindest intuitiv, „mehr" zu umfassen oder zu fordern. Und so stellen,

44 Vgl. ebd. S. 169.

45 Wilfred Beckerman: „Sustainable Development": Is it a Useful Concept?, in: Enviromental Values, Bd. 3 (1994), S. 195.

46 Vgl. David W. Pearce, Giles Atkinson: Capital Theory and the Measurement of Sustainable Development. An Indicator of Weak Sustainability, in: Ecological Economics, Bd. 8 (1993), S. 103ff. Siehe auch: Mathis, Nachhaltige Entwicklung und Generationengerechtigkeit, S. 169.

47 Vgl. Konrad Ott: Eine Theorie „starker" Nachhaltigkeit, in: Günter Altner, Gerd Michelsen (Hrsg.): Ethik und Nachhaltigkeit. Grundsatzfragen und Handlungsperspektiven im universitären Agendaprozess, Frankfurt am Main 2001, S. 43. John Gowdy: Economic Concepts of Sustainability. Relocating Economic Activity within Society and Enviroment, in: Egon Becker, Thomas Jahn (Hrsg.): Sustainability and the Social Science. A Cross-disciplinary Approach to Integrating Enviromental Considerations into Theoretical Reorientation, London, New York 1999, S. 166. Mathis, Nachhaltige Entwicklung und Generationengerechtigkeit, S. 169.

in Anlehnung an diese Kritik an schwachen Konzepten der „Nachhaltigkeit", Verfechter *starker* (bis gemäßigter) „Nachhaltigkeitskonzepte" die Substituierbarkeit von allen oder zumindest bestimmten Aspekten des Naturkapital in Frage und rekurrieren in diesem Zusammenhang auf bestimmte „anthropologische Grundbedürfnisse" (beispielsweise Wasser, Nahrung, Gesundheit, Wohnraum, soziale Kontakte, Bildung) und die Idee der intra- und intergenerationellen Gerechtigkeit. Für deren Realisierung bedarf es eines bestimmten kritischen, nicht substituierbaren, physischen Naturkapitals, welches sich beispielsweise aus (fruchtbarem) Boden, Trinkwasser, Luft, Biodiversität, einem bestimmten Klima, Ozonschicht und spezifischen mehr oder weniger „intakten" Kreisläufen in bestimmten Ökosystemen (beispielsweise der Photosyntheseprozess in Pflanzenbeständen) zusammensetzt.[48]

Für einen gehaltvollen Begriff dessen, was „Nachhaltigkeitskonzepte" im Sinn haben scheint somit dieser unter den Ideen der Erhaltung und/oder Gerechtigkeit hergestellte Bezug zumindest auf Teile eines in einer bestimmten Form zu erhaltenden „Naturkapitals", man spricht auch von „natürlichen Ressourcen", mit dem Ziel der dauerhaften Befriedigung der Grundbedürfnisse heutiger und zukünftiger Generationen maßgeblich, wie nicht zuletzt auch durch den Brundtland-Bericht dokumentiert wird.[49]

Somit könnte man abschließend vielleicht vorsichtig festhalten, dass sich hinter dem Begriff der Nachhaltigkeit ethische Konzepte verbergen, welche bestimmte ökologisch-sozial-ökonomische Verhaltensweisen fordern, die den Ideen (oder den Idealen) a) der „gerechten" Verteilung und/oder b) der Erhaltung eines bestimmten „Naturkapitals oder „natürlicher Ressourcen" innerhalb eines bestimmten, nicht selten global verstandenen, ökologisch-sozial-ökonomischen Systems und somit insgesamt

48 Vgl. ebd. S. 183.

49 WCED, Report of the World Commission on Environment and Development, S. 7, 16, 30, 43, 48, 52, 61, 71, 258, 286–287. Auch Gerhard Eppler, der NABU-Landesvorsitzende in Hessen, lässt sich in dieser Weise verstehen, wenn er schreibt, dass „[das] jüngste Urteil des Bundesverfassungsgerichts zum Klimaschutz […] allen deutlich gemacht [hat], dass wir nicht in dieser Generation die natürlichen Ressourcen aufbrauchen und unseren Enkeln die Folgen überlassen dürfen" (Gerhard Eppler: Artenschutz und Energiewende, in: Berthold Langenhorst u. a.: NABU-Landesverband Hessen e. V., Wetzlar Sommer 2021, S. 2).

bestimmter Systemzustände dienlich sind.[50] Um diesen Nachhaltigkeitskonzepten womöglich gemeinsamen Bedeutungskern finden sich dann weitere Deutungen, Erweiterungen und/oder Konkretisierungen, die, aufgrund der Offenheit des Begriffs, in verschiedenen Kontexten zu finden sind, wie Mathis festhält.[51]

Was genauer unter „Natur (kapital)" oder „natürlichen Ressourcen" zu verstehen ist und *welche* Teile dieser „Natur" in *welchem* Zustand und welchem Ausmaß zu erhalten sind, bleibt mit Blick auf die Nachhaltigkeitsliteratur zunächst vage.[52] Jan Cornelius Schmidt weist unabhängig von der Nachhaltigkeitsdebatte zu Recht ganz grundsätzlich darauf hin, dass das was als „Natur" erfasst wird a) mehrdeutig ist und b) zumindest innerhalb dieses Kulturraums stark durch die Naturwissenschaften geprägt wird.[53] So soll im Folgenden nun, ausgehend von einer naturphilosophischen Position, die naturwissenschaftliche Erkenntnisse rekonstruiert, reflektiert und sich an diesen orientiert, das, was „Natur" ist und die Frage nach den Möglichkeiten und Grenzen ethischer Konzepte der Nachhaltigkeit, welche sich auf „Natur" und Menschen gleichermaßen beziehen sollen, genauer analysiert werden. Zu diesem Zweck seien nun zunächst die für diese naturphilosophische Perspektive und in diesem Kontext relevanten naturwissenschaftlichen Erkenntnisse in aller Kürze vorgestellt. Um darauf aufbauend dann möglicherweise Antworten zu finden auf die eingangs gestellte Frage, ob sich und wenn unter welchen Bedingungen Konzepte der Nachhaltigkeit, in der hier nun begrifflich fundierten Weise, auf der Ebene des empirisch wahrnehmbaren Verhaltens von Menschen überhaupt ausmachen lassen.

---

50 Vgl. Gertrude Hirsch Hadorn, Georg Brun: Ethische Probleme nachhaltiger Entwicklung, in: Ruth Kaufmann u.a. (Hrsg.): Nachhaltigkeitsforschung. Perspektiven der Sozial- und Geisteswissenschaften, Bern 2007, S. 239–240, URL: https://www.sagw.ch/fileadmin/redaktion_sagw/dokumente/Publikationen/Berichte/publ_nachhaltigkeit.pdf, Abrufdatum: 12.10.21. – Dieser begrifflichen Bestimmung des Begriffs Nachhaltigkeit wird nun im Verlauf der Analyse primär weiter gefolgt und diese sodann weiter ausdifferenziert, so dass ab dieser Stelle auf die Anführungszeichen bei der Verwendung des Begriffs weitestgehend verzichtet werden soll.

51 Vgl. Mathis, Nachhaltige Entwicklung und Generationengerechtigkeit, S. 628.

52 Vgl. Ott, Eine Theorie starker Nachhaltigkeit, S. 53.

53 Vgl. Jan Cornelius Schmidt: Das Andere der Natur. Neue Wege zur Naturphilosophie, Stuttgart 2015, S. 6–7.

3. Die naturphilosophische Perspektive: Nichtreduktiver Naturalismus

Für ethische Konzepte und somit auch für Konzepte der Nachhaltigkeit ergibt sich, wie Mohrs festhält, im Kontext ihrer Begründbarkeit[54] das sogenannte „Adressaten-Problem": Ethische Forderungen wie die Forderung nach nachhaltigem Verhalten, sind an reale Menschen adressiert, die diesen Forderungen idealerweise nachkommen „sollten". Ist man nun, wie in dieser Analyse hier, an der Beurteilung von Möglichkeiten und Grenzen einer im besten Falle nicht nur theoretisch in sich mehr oder weniger „schlüssigen", sondern auch praktikablen Ethik interessiert, ist es daher von zentraler Bedeutung, wie dieser Adressat und die „Natur" auf die sich Konzepte der Nachhaltigkeit ja mithin beziehen, beschaffen sind. Mit Blick auf diese Fragestellung sollen nun im Folgenden einige Grundannahmen der naturphilosophischen Position des (nichtreduktiven) Naturalismus und der für diesen maßgeblichen naturwissenschaftlichen Erkenntnisse vorgestellt werden, aus denen sich ein spezifisches Menschen- und Naturverständnis ableitet, um darauf aufbauend dann Möglichkeiten und Grenzen der „Realisierbarkeit" von Konzepten der Nachhaltigkeit beurteilen zu können.[55]

Zunächst muss klar gestellt werden, dass es *den* Naturalismus nicht gibt. Der Naturalismus, so wie er hier vertreten wird, entspricht in einigen Teilen dem zumindest für den deutschsprachigen Raum maßgeblichen Ver-

---

54 Vgl. Küng, Das Weltethos, S. 361.

55 Vgl. Mohrs: Unfit für Nachhaltigkeit?, S. 178–179.

ständnis Gerhard Vollmers[56], weicht in anderen Teilen jedoch davon ab.[57] Diese modifizierte und nun schon mehrfach als nichtreduktiver Naturalismus bezeichnete Perspektive ist durch bestimmte Thesen charakterisiert, die an dieser Stelle nicht in allen Details begründet werden können. Für die hier im Zentrum stehende Debatte um den Begriff der Nachhaltigkeit scheinen die folgenden inhaltlich aufeinander aufbauenden Thesen zentral: 1. Die ontologische These einer *realen* Wirklichkeit.[58] 2. Die ontologische These, dass diese Wirklichkeit primär *durch Materie bestimmt* ist. 3. Die daraus folgende ontologische These, dass das *„Zusammenwirken" dieser Materie* dann *alle Phänomene* der Wirklichkeit, die menschlichen Fähigkeiten, Fertigkeiten und Erkenntnisse eingeschlossen, *hervorbringt.* 4. Die methodologische These der *Kritisierbarkeit wissenschaftlicher Aussagen durch die Erfahrung.* Hierzu können Beobachtungen, Messungen und Experimente dienen, die somit einen mehr oder weniger direkten Rückbezug wissenschaftlicher Aussagen zu jener materiell fundierten Wirklichkeit ermöglichen. 5. Die epistemologische These, dass die vielfältigen, materiell fundierten *Phänomene der Wirklichkeit geordnet und erklärt werden können.*[59]

Sogenannten *Selbstorganisationstheorien* wird dann, besonders mit Blick auf die 3. sowie die 5. These, das Potential zugeschrieben, genauer erklären zu können, wie spezifische Wechselwirkungen zwischen ver-

56 Vgl.: Gerhard Vollmer: Auf der Suche nach der Ordnung. Beiträge zu einem naturalistischen Welt- und Menschenbild, Stuttgart 1995 (1985). Gerhard Vollmer: Im Lichte der Evolution. Darwin in Wissenschaft und Philosophie, Stuttgart 2017.

57 Dieser Abschnitt wurde in ähnlicher Form bereits veröffentlicht in: Dirk Schulte-Tickmann, Einheit und Vielfalt des Wissens, Ein naturalistischer Entwurf auf Basis aktueller Selbstorganisationstheorien, Berlin 2022, S. 1, 4–5. – Für eine ausführliche Darstellung dieser naturphilosophischen Position siehe: Schulte-Tickmann, Einheit und Vielfalt des Wissens.

58 Die Begriffe „Wirklichkeit" und synonym dazu das „Reale", oder aber auch, wie sodann noch gezeigt werden wird, die „Natur", sollen in dieser Arbeit im Sinne Vollmers als Summe der erfahrungsmäßig zugänglichen, aber gleichzeitig bewusstseinsunabhängigen, materiell-energetisch fundierten Objektesysteme verstanden werden. Dieser Begriffsbestimmung folgend werden unter den Begriffen „Objekte", „Gegenstände" oder „Dinge" jeweils spezifische Objektsysteme verstanden (vgl. Vollmer, Auf der Suche nach der Ordnung, S. 28, 30–31).

59 Vgl. ebd. S. 20–40. – Seitenzahlen entsprechend dem Seitenumfang, auf denen Vollmers 12 Thesen zu finden sind.

schiedenen materiell fundierten Elementen unterschiedlichste Strukturen der Wirklichkeit hervorbringen. Im Kontext der Nachhaltigkeit interessieren hierbei vor allem jene auf Selbstorganisationstheorien rekurrierenden Erklärungen, die die *mesokosmische* Wirklichkeit zu beschreiben bzw. zu erklären versuchen. Hiermit sind vor allem die spezifischen Muster und Dynamiken der Objekte der mittleren Größenordnung gemeint, die gewissermaßen oberhalb der subatomaren Quantenebene und unterhalb der Makrokosmologie des Universums angesiedelt sind.[60]

Der Schlüsselterm der Selbstorganisation wurde in diesem Kontext durch Immanuel Kant (1724–1804) in der „Kritik der Urteilskraft" geprägt.[61] Die Evolutionsbiologie von Charles Darwin kann dann als erste Selbstorganisationstheorie verstanden werden, in der das eigenständige Wachstum von komplizierten Systemen auf der Basis von zunächst nur begrifflich formulierten Axiomen beschrieben wird.[62] Doch erst die sogenannte nichtlineare Nichtgleichgewichtsthermodynamik von Ilya Prigogine und Paul Glannsdorff und die Synergetik Hermann Hakens aus den 1960er und 1970er Jahren[63], die das Verhalten offener Systeme fern des Gleichgewichtszustands in den Blick nahmen, formalisierten[64] die Selbstorganisationstheorien dann genauer über entsprechende mathematische Modelle und trugen somit entscheidend zu einem präziseren Verständnis jener Phänomene bei.[65]

60 Vgl. Schmidt, Das Andere der Natur, S. 191. – Dieser Abschnitt wurde in ähnlicher Form bereits veröffentlicht in: Schulte-Tickmann, Einheit und Vielfalt des Wissens, S. 4–5, 193–198.

61 Sie, die Natur, „[...] organisiert sich vielmehr selbst[,] und in jeder Spezies ihrer organisierten Produkte, zwar nach einerlei Exemplar im ganzen [sic], aber doch auch mit schicklichen Abweichungen, die die Selbsterhaltung nach den Umständen erfordert" (Immanuel Kant: Kritik der Urteilskraft, hrsg. von Raymund Schmidt, Leipzig 1930, S. 302).

62 Vgl. Bernulf Kanitscheider: Die Materie und ihre Schatten. Naturalistische Wissenschaftsphilosophie, Aschaffenburg 2007, S. 84.

63 Vgl. Paul Glansdorff, Ilya Prigogine: Thermodynamic Theory of Structure, Stability and Fluctuations, London, New York u. a.. 1971. Hermann Haken: A Nonlinear Theory of Laser Noise and Coherence, in: Zeitschrift für Physik 181 (1964), S. 96–124.

64 Die mehrdeutigen Begriffe „formal" und „formalisieren" sollen in der Folge im engen Sinne von „mathematisch" oder „mathematisieren" verstanden werden.

65 Vgl. Schmidt, das Andere der Natur, S. 46. Miloš Vec u. a. (Hrsg.): Selbstorganisation. Ein Denksystem für Natur und Gesellschaft, Köln 2006, S. 15. – Dieser Abschnitt wurde in ähnlicher Form bereits veröffentlicht in: Schulte-Tickmann, Einheit und Vielfalt des Wissens, S. 11.

Der in diesem Kontext zentrale und schon mehrfach verwendete Begriff des „Systems“ wird in unterschiedlichen systemtheoretischen Ansätzen, wie Guido Strunk und Günter Schiepek darstellen, sehr verschieden inhaltlich gefüllt.[66] An dieser Stelle sollen, in Anlehnung an Herman Haken und Günter Schiepek, unter einem „System“ zunächst konkrete oder auch abstrakte Objekte (man denke an mathematisch fundierte Modelle) verstanden werden, die 1) von der Umwelt abgegrenzt sind und 2) aus einzelnen Elementen bestehen, die 3) miteinander in für die Aufrechterhaltung des jeweiligen Objekts wesentlichen und somit funktionalen (material-energetischen) Wechselwirkungszusammenhängen stehen.[67]

Die Relationsbeziehungen der jeweiligen Elemente eines Systems prägen diesem, wie Mario Bunge und Martin Mahner darstellen, eine spezifische, mehr oder weniger beständige *Struktur* auf, die sich nicht selten mathematisch erfassen lässt. Beispiele hierfür sind Atome, Moleküle, Kristalle, Organellen, Zellen, Organismen, Ökosysteme, Familien oder Unternehmen. Aus dieser Auflistung wird bereits deutlich, dass die meisten Systeme wiederum Subsysteme eines anderen Systems sind und es somit in diesem Universum zu einer vielschichtigen Schachtelung verschiedenster Systeme kommt. Im Zentrum des Interesses aktueller Selbstorganisationstheorien stehen dann, wie soeben bereits angedeutet wurde, vor allem „offene Systeme“, die für die Aufrechterhaltung ihrer *internen* Struktur einer dauerhaften Zu- und Abfuhr von Energie bzw. Materie bedürfen, sodass sie sich fern des thermischen Gleichgewichts halten können. Hier wird bereits deutlich, dass Systeme (oder bestimmte Teile eines Systems) auch mit bestimmten Gegenständen der Umgebung interagieren, um ihre Struktur aufrechtzuerhalten oder zu erzeugen. Diese bindenden, *externen* Relationen kann man als Randbedingungen, „Exostruktur“ oder *Kontrollparameter* des Systems bezeichnen.[68] Selbstorganisationstheorien versuchen dann mit Rückgriff auf einen in dieser Weise inhaltlich gefüllten System-

66 Vgl. Guido Strunk, Günter Schiepek: Systemische Psychologie. Eine Einführung in die komplexen Grundlagen menschlichen Verhaltens, München 2013, S. 5.

67 Vgl. Hermann Haken, Günter Schiepek: Synergetik in der Psychologie. Selbstorganisation verstehen und gestalten, Göttingen, Bern u. a.. 2006, S. 77. Siehe auch: Strunk Schiepek, Systemische Psychologie, S. 6.

68 Vgl. Mario Bunge, Martin Mahner: Über die Natur der Dinge. Materialismus und Wissenschaft, Stuttgart 2004, S. 71–75.

begriff den Prozess der Strukturbildung eines Systems bzw. den Prozess des Strukturwandels zu beschreiben.[69]

Selbstorganisation lässt sich daran anknüpfend als Strukturbildungsprozess verstehen, bei welchem einige oder viele Elemente eines betrachteten Systems, welche bis dahin unabhängiges Verhalten gezeigt haben, spontan zusammenwirken. Charakteristisch hierfür ist, dass ein kontinuierliches Ändern der äußeren Bedingungen des Systems spontan die Ausbildung von Strukturen neuer Ordnung[70] bewirkt. Die äußeren Bedingungen können hierbei quantitativ als Kontrollparameter gefasst werden. Über breite Wertebereiche ist die Änderung der Kontrollparameter ohne direkten Einfluss auf das System. Über- oder unterschreiten die Kontrollparameter jedoch einen „kritischen Wert", kommt es zu Punkten struktureller Instabilität, an welchen das System verschiedene mögliche neue (Ordnungs-)Zustände des Systems „testet" und sich schließlich einer dieser (Ordnungs-)Zustände in Konkurrenz zu den möglichen anderen durchsetzt, diese gewissermaßen „versklavt"[71] und zu einer näherungsweisen (!) „Synchronisation" zwingt und somit die neue (Ordnungs-)Struktur des Systems in Übereinstimmung mit den jeweiligen das System umgebenden Randbedingungen bestimmt.[72] Dieses sogenannte „Synchronisations-

69 Diese Abschnitte wurde in ähnlicher Form bereits veröffentlicht in: Schulte-Tickmann, Einheit und Vielfalt des Wissens, S. 111–113.

70 Der mehrdeutige Begriff der „Ordnung" wird hier im Sinne eines mehr oder weniger einfach zu beschreibenden (mathematischen) Musters verstanden. Ordnung kann hierbei als spezifischer, stationärer, strukturierter Zustand verstanden werden, in dem sich die Materie unter bestimmten Randbedingungen befindet (vgl. Ilya Prigogine, Isabelle Stengers: Dialog mit der Natur. Neue Wege naturwissenschaftlichen Denkens, übersetzt von Friedrich Griese, München 1986, S. 150–151. Eric D. Schneider, Dorion Sagan: La termodínamica de la vida. Física, cosmología, ecología y evolución, Barcelona 2008, S. 33, 272, 276, 395ff.). – Ordnung und Übergänge von einer Ordnung zu einer anderen sind demgegenüber durch spezifische, (mathematisch) „erfassbare" Muster oder Strukturen zwischen den betrachteten Elementen des Systems charakterisierbar.

71 Das ist der von Hermann Haken in diesem Zusammenhang geprägte „antropomorphe" Begriff (vgl. Hermann Haken: Synergetik. Eine Einführung, übersetzt von Arne Wunderlin, Berlin, Heidelberg 1983, S. 211, 359).

72 Synchronisation meint somit nicht in jedem Fall *vollkommen* gleichartiges Verhalten oder Eigenschaften der Elemente eines Systems, sondern lediglich ein „mehr oder weniger" synchrones Verhalten oder synchrone Eigenschaften. Dieses „mehr oder weni-

prinzip" (/„Versklavungsprinzip") hat in diesem Zusammenhang zwei Seiten:[73] Auf der einen Seite wird durch die näherungsweise Synchronisation gewissermaßen „top-down" das Verhalten der einzelnen Teile des Systems bestimmt und auf der anderen Seite „entsteht" die spezifische Struktur des Systems erst „bottom-up" durch das Zusammenwirken der Teile. Dieser Zusammenhang wird als „zirkuläre Kausalität" bezeichnet oder synonym dazu auch als „Kreiskausalität".[74] Auf diesem Weg wird eine spezifische Struktur etabliert, die es dem System unter den jeweils gegebenen Bedingungen ermöglicht, die zur Verfügung stehenden Ressourcen möglichst effizient zu nutzen.[75] Vor allem die durch spezifische Kontrollparameter hervorgerufenen *Instabilitäten (a)* und die anschließenden *Synchronisationsphänomene (b)* sind für einen gehaltvollen Begriff von Selbstorganisation wesentlich. Diesem Verständnis folgend etablieren Selbstorganisationstheorien dann das sogenannte Instabilitäts- und das Synchronisationsprinzip als allgemein mathematisch formulierte Gesetzesaussagen. Diesbezüglich lassen sich bestimmte Strukturgleichungen, die im Kontext der Modellierung der Prozessdynamik des jeweils betrachteten Systems Verwendung finden, ausmachen, die als allgemeiner Formalismus zur Beschreibung offener Vielkomponentensysteme dienen können und den theoretischen Kern von Selbstorganisationskonzepten bilden. Die zeitabhängige Lösung dieser jeweiligen Strukturgleichungen und somit der jeweilige (Ordnungs-)Zustand des Systems hängen hierbei von den jeweiligen quantitativen Werten der systemspezifischen (internen und externen) Kontrollparameter ab.[76] An Punkten struktureller Instabili-

ger" wird in der Folge nicht an allen Stellen explizit ausformuliert oder durch die Nennung in Anführungszeichen jedes Mal aufs Neue betont. Sollte aber in jedem Fall stets „mitgedacht" werden.

73 Vgl. Hermann Haken: Entwicklungslinien der Synergetik. Forschungsberichte der Abteilung für Psychotherapie 14–1, hrsg. von Wolfgang Tschacher, Bern 2014, S. 12, URL: https://embodiment.ch/research/researchpapers/FB14_1.pdf, Stand: 04.10.2022.

74 Vgl. Haken, Schiepek, Synergetik in der Psychologie, S. 68, 82–84.

75 Vgl. Vec u. a., Selbstorganisation, S. 14. Jan Cornelius Schmidt: Instabilität in Natur und Wissenschaft. Eine Wissenschaftsphilosophie der nachmodernen Physik, Berlin 2008, S. 283ff.

76 Vgl. Haken, Entwicklungslinien der Synergetik, S. 43. Günter Haag: Modelling with the Master Equation. Solution Methods and Applications in Social and Natural Sciences, Cham 2017, S. 44, 153–154. Haken, Synergetik, S. 359.

tät setzt sich eine von vielen möglichen Lösungen durch. Welche, das ist aufgrund der Instabilität nicht exakt voraussagbar, es wird vielmehr eine *Vielfalt* möglicher Lösungen begründet. Die Eigenschaften des sich auf diesem Weg neu etablierenden Systemzustands lassen sich hierbei auch nicht auf die Eigenschaften der Einzelteile des Systems, also auf bestimmte Einzelgleichungen der Strukturgleichungen, zurückführen, man sagt, sie seien nicht reduzierbar oder *nichtreduktiv*. Selbstorganisationsprozesse, die sich durch die soeben eingeführten (mathematischen) Gesetzesstrukturen beschreiben lassen, scheinen, das kann gezeigt werden, nicht nur für viele physikalische, biologische und chemische Phänomene sondern darüber hinaus auch, und das scheint für die hier im Zentrum stehende Betrachtung von Nachhaltigkeitskonzepten wesentlich, für psychologische und soziologische Phänomene konstitutiv zu sein und etablieren in all diesen Bereichen, möglicherweise stets auf materieller Basis, vielfältig strukturierte Zustände der (mesokosmischen) Wirklichkeit.[77] Die ordnungsstiftende Verbindung von einzelnen Elementen eines Systems durch graduell wirksam werdende „synchronisierende" Kräfte taucht hierbei offenbar auf allen hierarchisch übereinander geschachtelten Ebenen erneut auf.

Ein Naturalismus, der diese Resultate berücksichtigt, lässt sich dann als *nichtreduktiver Naturalismus* charakterisieren, der seine inhaltliche

77 So finden sich, nach Bernd Kröger und Bernulf Kanitscheider, Prinzipien von Selbstorganisationskonzepten beispielsweise in den folgenden Phänomenbereichen wieder:
Physik: Laser, Supraleiter, Ferromagnet, Hydrodynamik, Festkörperphysik, Plasmaphysik
Astrophysik: Galaxien- und Sternenentstehung
Meteorologie: Wolkenbildung, Tiefdruckwirbel
Chemie: Bénard-Effekt, Belousov-Zhabotinsky-Reaktion, Brusselator, Oregenator
Biologie: Populationsdynamik, Kooperative Systeme, Morphogenese/Ontogenese, Evolutionsprozesse, Motorische Koordination, visuelle Wahrnehmung, Bewusstsein, Psychoneuroimmunologie
Psychologie: Lernprozesse, Psychotherapieverläufe (vgl. Bernd Kröger: Hermann Haken und die Anfangsjahre der Synergetik, Berlin 2013, S. 223. Bernulf Kanitscheider: Chaos und Selbstorganisation in Natur- und Geisteswissenschaft, in: Miloš Vec u. a. [Hrsg.]: Selbstorganisation. Ein Denksystem für Natur und Gesellschaft, Köln 2006, S. 83).

Bestimmung durch strukturtheoretische Ansätze, wie die hier dargestellten Selbstorganisationstheorien, erhält. „Nichtreduktiver" Naturalismus, weil Instabilität und Synchronisation zwar eine Rückführung von Eigenschaften des betrachteten Systems auf Eigenschaften der basaleren Teilsysteme unmöglich machen, aber als einheitlich anwendbare Prinzipien in unterschiedlichsten Bereichen der Wirklichkeit in Erscheinung treten und so das Aufkommen vielfältiger Strukturen erklären können.[78]

Vor dem Hintergrund dieser hier nun zunächst nur in Grundsätzen vorgestellten, stark von Selbstorganisationskonzepten geprägten, naturphilosophischen Perspektive eines nichtreduktiven Naturalismus lässt sich jetzt im Folgenden tiefergehend analysieren, ob und inwiefern ethische Konzepte der Nachhaltigkeit auf der Ebene des empirisch wahrnehmbaren Verhaltens von Menschen überhaupt auszumachen sind beziehungsweise, etwas lebenspraktischer formuliert, umsetzbar sind und umgesetzt werden.

78 Diese Abschnitte wurde in ähnlicher Form bereits veröffentlicht in: Schulte-Tickmann, Einheit und Vielfalt des Wissens, S. 193–198.

4. Zur Kritik an Konzepten starker Nachhaltigkeit

Die soeben vorgestellten für Selbstorganisationskonzepte zentralen Prinzipien können mit Blick auf den Menschen und dessen Verhalten innerhalb bestimmter ökologisch-sozial-ökonomischer Systeme konkretisiert werden, um so beurteilen zu können, ob und inwiefern sich zentrale Aspekte von starken Nachhaltigkeitskonzepten (a. Erhaltung bestimmter „natürlicher Ressourcen und b. intra- und intergenerationelle (Verteilungs-) Gerechtigkeit) im Verhalten von Menschen ausmachen lassen.

Betrachtet man zunächst den einzelnen Menschen, kann von bestimmten Teilen der Psychologie, insbesondere der synergetischen Psychotherapieforschung, gezeigt werden, dass bestimmte Kognitions-Emotions-Verhaltens-Muster, häufig auch als sogenannte „States of Mind" bezeichnet[79], als mehr oder weniger stabile Ordnungszustände des offenen, bio-psycho-sozialen Systems Mensch auf Basis von Selbstorganisationsprinzipien beschrieben werden können, die in verschiedenen Kontexten das „Erleben und Handeln" bestimmen.[80] Diesem selbstorganisierten Prozess der Etablierung spezifischer Kognitions-Emotions-Verhaltens-Muster entsprechen dann bestimmte synaptische Verbindungsstrukturen neuronaler Netze, die unter dauerhafter Energiezufuhr aufrechterhalten werden.[81] Darauf aufbauend deuten bestimmte Strömungen innerhalb der

79 Vgl. Mardi J. Horowitz: States of Mind. Configurational Analysis of Individual Psychology, New York 1987, zit. n. Guido Flatten: Posttraumatische Belastungsstörungen, in Günter Schiepek (Hrsg.): Neurobiologie der Psychotherapie, Stuttgart 2011, S. 465.

80 Vgl. ebd. S. 464–465. Günter Schiepek u. a.: Psychotherapie, in: Günter Schiepek (Hrsg.): Neurobiologie der Psychotherapie, Stuttgart 2011, S. 570.

81 Vgl. Haken, Schiepek, Synergetik in der Psychologie, S. 244–246. Flatten, Posttraumatische Belastungsstörungen, S. 466.

Sozialwissenschaften „soziale Systeme“[82] dann als spezifische Wechselwirkungsgefüge zwischen der „Mikroebene“ individueller Kognitions-Emotions-Verhaltens-Muster einzelner Individuen und der „Makroebene“ dynamischer, kollektiver Kognitions-Emotions-Verhaltens-Muster.[83] Als „kollektive Verhaltensmuster“ gelten dann bestimmte kollektiv geteilte politische, ökonomische, kulturelle oder religiöse (Kognitions-Emotions-)Verhaltens-Weisen, die in dem jeweils betrachteten ökologisch-sozialökonomischen System zu einem bestimmten Zeitpunkt mehr oder weniger deutlich präsent sind oder dominieren.[84]

Einigen Forschungsgruppen innerhalb der Sozialwissenschaften gelingt es dann, wenn auch an einigen Stellen noch defizitär, aufgrund teilweise noch zu geringer Datenmengen, den Wandel dieser „kollektiven Verhaltensmuster“ als sozialen Ordnungsbildungsprozess eines selbstorganisierten (Vielkomponenten-)Systems mit jeweils mehr oder weniger Individuen als systemkonstituierende Elemente mathematisch fundiert zu modellieren (zum Beispiel durch nichtlineare Differenzen- oder Differentialgleichungssysteme) und anschließend durch Vergleich mit empirisch gewonnenen Zeitreihen zu bestätigen.[85]

Dieser nicht ohne weiteres nachvollziehbare Ansatz soll nun, soweit dies für die hier durchgeführte Analyse notwendig erscheint, genauer dargestellt werden. An den Biologen Edward O. Wilson anknüpfend lässt sich der Prozess der möglicherweise durch Selbstorganisationsprinzipien

82 Die Begriffe „soziales“ und „humanes“ System werden in dieser Analyse weitestgehend synonym verwendet im Sinne der hier ausgeführten Bedeutung.

83 Vgl. Wolfgang Weidlich: Sociodynamics. A Systematic Approach to Mathematical Modelling in the Social Sciences. Mineola, New York 2006, S. 13, 31. Wolfgang Weidlich: Das Modellierungskonzept der Synergetik für dynamische sozio-ökonomische Prozesse, in: Ulrich Witt (Hrsg.): Studien zur Evolutorischen Ökonomik II, Berlin 1992, S. 39. Haag, Modelling with the Master Equation, S. 4. – Zum Begriffspaar Mikroebene-Makroebene/mikroskopisch-makroskopisch: Die *Mikroebene* lässt sich als Betrachtungsebene verstehen, auf welcher spezifische (gesetzesartige) Beziehungen zwischen Elementen dieser Ebene, bestimmte „Teilchen“, Atome oder Menschen, auf einer Betrachtungsebene darüber, der *Makroebene*, als bestimmte Muster oder Eigenschaften des kollektiven Verhaltens der Elemente beobachtbar werden (vgl. Strunk, Schiepek, Systemische Psychologie, S. 80).

84 Vgl. Weidlich, Sociodynamics, S. 31.

85 Diese Abschnitte wurde in ähnlicher Form bereits veröffentlicht in: Schulte-Tickmann, Einheit und Vielfalt des Wissens, S. 163, 176–177.

beschreibbaren Etablierung bestimmter, kollektiv in einer bestimmten sozialen Gruppe geteilter Kognitions-Emotions-Verhaltens-Muster beispielhaft an der Entwicklungsgeschichte von Kulturprodukten (Artefakten) durch den Menschen (und/oder Menschenaffen), ausgehend von den frühesten noch erhaltenen materiellen Kulturgütern, den Steinwerkzeugen, bis heute, verstehen. Als Kulturprodukte könnte man in diesem Zusammenhang zunächst, mit Aristoteles, all jene empirisch wahrnehmbaren Objekte verstehen, die ihre Entstehung direkt dem Menschen/Menschenaffen verdanken und vermeintlich nicht „aus sich selbst heraus" entstehen.[86]

So mögen innerhalb einer bestimmten sozialen Gruppe, bestehend aus frühen Menschen, innerhalb eines bestimmten Kontextes und Zeitraums spezifische in gewissen Teilen genetisch fixierte Kognitions-Emotions-Verhaltens-Muster, die die Nahrungsgewinnung betreffen, dominant gewesen sein, die zunächst womöglich keinen direkten Werkzeuggebrauch vorsahen und sich unter diesen Bedingungen als die effizienteste Form der Nutzung bestimmter Ressourcen erwiesen. Diese kollektiv innerhalb einer bestimmten sozialen Gruppe geteilten Kognitions-Emotions-Verhaltens-Muster mögen dann, durch Veränderungen bestimmter äußerer Parameter (Randbedingung), zum Beispiel die nutzbaren Nahrungsressourcen, destabilisiert worden sein. An diesen Punkten, die als Punkte struktureller Instabilität gedeutet werden können, mag dann ein anderes, bis dahin in der Population nur „schlummerndes" Kognitions-Emotions-Verhaltensmuster, welches beispielsweise eine Prädisposition zum Gebrauch bestimmter Werkzeuge beinhaltete und es möglich machte, unter den neuen Bedingungen die zur Verfügung stehenden Ressourcen nun anders oder effizienter zu nutzen, das bis zu diesem Zeitpunkt dominante Kognitions-Emotions-Verhaltens-Muster ablösen.[87] Diese soziokulturelle Dynamik ließe sich dann übertragen auf andere

86 Vgl. Aristoteles: Physikvorlesung, Teilband I: Bücher I–IV, hrsg. von Gottfried Heinemann, Hamburg 2021, S. 47/192b. Das Begriffspaar Kultur-Natur wird im Verlaufe dieser Darstellung weiter ausdifferenziert werden.

87 Vgl. Edward O. Wilson: Biologie als Schicksal. Die soziobiologischen Grundlagen menschlichen Verhaltens, übersetzt von Friedrich Griese, Frankfurt am Main, Berlin, Wien 1980, S. 84. Manfred Eigen: Stufen zum Leben. Die frühe Evolution im Visier der Molekularbiologie, München 1987, S. 59. Hermann Haken, Robert Graham: Synergetik – Die Lehre vom Zusammenwirken. Was verbindet die Physik, Chemie und

sich in bestimmten Zeiten in bestimmten sozialen Gruppen etablierenden „Basisinnovationen". Man denke beispielsweise an den Faustkeil, das Feuer, das Rad, die Elektrizität, den Otto-Motor oder den ersten Computer.[88] Ob und in welchem Grad die an Punkten struktureller Instabilität auftauchenden, zunächst instabilen neuen und potentiell effizienteren Kognitions-Emotions-Verhaltensmuster (und die daraus hervorgehenden materiellen/immateriellen Kulturobjekte) tatsächlich innerhalb einer bestimmten sozialen Gruppe dominant werden und sich etablieren, scheint dann jedoch entscheidend von der Ausprägung der „Nachahmungsbereitschaft" bzw. „Beeinflussbarkeit" der Individuen der jeweiligen sozialen Gruppe abzuhängen.

Dieses auch in vielen biologischen und sozialpsychologischen Konzepten und davon abgeleiteten Modellen integrierte Prinzip der „Beeinflussbarkeit" einzelner Elemente durch das „Verhalten" anderer Elemente des betrachteten Systems ist für Selbstorganisationstheorien und die durch diese beschriebenen Ordnungsbildungsprozesse zentral und wird durch das nun bereits schon mehrfach erwähnte Synchronisationsprinzip theoretisch erfasst. Auch für die hier betrachteten Teile der Sozialwissenschaften scheint dieses „Prinzip" einer unbewusst bzw. emotiv zu verstehenden Ausrichtung des individuellen Kognitions-Emotions-Verhaltens-Musters an den Kognitions-Emotions-Verhaltens-Mustern anderer leitend und wird unter verschiedenen Begriffen gefasst. Diese lassen sich jedoch in ihrer inhaltlichen Bestimmung immer wieder analog im Sinne dieses Synchronisationsprinzips deuten. Man spricht von Konformität[89], Agglo-

---

Biologie? In: Umschau 6 (1971), S. 195. Manfred Eigen: Manfred Eigens Theorie über die Evolution biologischer Makromoleküle, in: Umschau 14 (1973), S. 421–422.

88 Vgl. Gerhard Mensch: Das technologische Patt. Innovationen überwinden die Depression, Frankfurt am Main 1975, S. 54–55. Joseph A. Schumpeter: Konjunkturzyklen. Eine theoretische, historische und statistische Analyse des kapitalistischen Prozesses, Bd. 1, Göttingen 1961, S. 108, 147, 174–179, 181. Nikolai D. Kondratieff: Die langen Wellen der Konjunktur, in: Karl K. Parvus, Leo Trotzki, Nikolai D. Kondratieff, Ernest Mandel: Die langen Wellen der Konjunktur. Beiträge zur Marxistischen Konjunktur- und Krisentheorie, Berlin 1972, S. 133–169.

89 Vgl. Volker Müller-Benedict: Selbstorganisation in sozialen Systemen. Erkennung, Modelle und Beispiele nichtlinearer Dynamik, Opladen 2000, S. 181.

meration[90], „Herding"[91], „Bandwagon-Effect"[92], Verlustaversion[93], sozialem Lernen.[94]

In neuerer Zeit konnte in variierenden experimentellen Zugängen die grundsätzlich unbewusste bzw. emotiv geprägte Tendenz der Angleichung variierender Kognitions-Emotions-Verhaltens-Muster verschiedener Individuen zugunsten *einer* (dann dominierenden) Haltung explizit nachgewiesen werden. Als quantitativ-empirische Belege für die These der Synchronisation des Verhaltens der Individuen eines spezifischen sozialen Systems könnten beispielsweise gelten: a.) Das „Asch-Experiment"[95]; b.) Synchronisationsphänomene in der Kleingruppenforschung[96]; c.) Studien zum individuellen Entscheidungsverhalten in Großgruppen[97].

90 Vgl. Haag, Modelling with the Master Equation, S. 155.

91 Vgl. Dirk Helbing: Modeling of Socio-Economic Systems, in: Dirk Helbing (Hrsg.): Social Self-Organization. Agent-Based Simulations and Experiments to Study Emergent Social Behavior, Berlin, Heidelberg 2012, S. 15. Dirk Helbing, Anders Johansson: Self-organization in Pedestrian Crowds, in: Dirk Helbing (Hrsg.): Social Self-Organization. Agent-Based Simulations and Experiments to Study Emergent Social Behavior, Berlin, Heidelberg 2012, S. 86. Erstpublikation in: Dirk Helbing, Anders Johansson: Pedestrian, Crowd and Evacuation Dynamics, in: Encyclopedia of Complexity and Systems Science 16 (2010), S. 6476–6495.

92 Vgl. Paul F. Lazarsfeld u. a.: The People's Choice. How the Voter Makes Up His Mind in a Presidential Campaign, New York 1944/48, S. 107–109.

93 Vgl. Daniel Kahneman: Schnelles Denken, Langsames Denken, München 2012, S. 347 ff.

94 Vgl. Winfried Henke, Hartmut Rothe: Menschwerdung, Frankfurt am Main 2003, S. 107.

95 Vgl. Solomon E. Asch: Social Psychology, Englewood Cliffs 1952, S. 451 ff.

96 Vgl. Franco F. Orsucci u. a.: Synchronization Analysis of Language and Physiology in Human Dyads, in: Nonlinear Dynamics, Psychology and Life Sciences 2 (2016), S. 167–191. Guido Strunk, Günter Schiepek: Therapeutisches Chaos. Eine Einführung in die Welt der Chaostheorie und der Komplexitätswissenschaften, Göttingen, Bern u. a. 2014, S. 71, 130 ff.

97 Vgl. Matthew J. Salganik u. a.: Experimental Study of Inequality and Unpredictability in an Artificial Cultural Market, in: Science 311 (2006), S. 854–856.

Die theoretischen Berücksichtigung dieser „Synchronisationsannahme" lässt sich dann, wie Volker Müller-Benedict darstellt, für vielfältige (stochastische) Modelle nachweisen, die die zeitliche Entwicklung für unterschiedlichste sozialwissenschaftliche Makrogrößen simulieren, indem sie den Anteil der Individuen darstellen, die zu der jeweils betrachteten Größe ein entsprechendes Kognitions-Emotions-Verhaltens-Muster zeigen.[98]

Modellierungen, die diesem eben dargestellten Modellierungsansatz entsprechen und den selbstorganisierten Wandel spezifischer sozialer bzw. sozioökonomischer kognitions-emotions-Verhaltensmuster in der Zeit über Phasen der näherungsweisen Synchronisation und über Punkte struktureller Instabilität hinweg darstellen und zudem über entsprechende (nichtlineare) Zeitreihen- bzw. Regressionsanalysen[99] als empirisch gut bestätigt gelten, finden sich beispielhaft für die folgenden Phänomene:

- Politische Soziologie: Kollektive Meinungsbildung[100], kollektive Gewaltentwicklung[101]
- Verkehrswissenschaften: Fußgängerverhalten[102], Verkehrsdynamik[103]
- Demographie: Migrationsverhalten von Populationen[104], Siedlungsstrukturbildung[105]

98 Vgl. Volker Müller-Benedict: Chaos und Selbstorganisation. Neue theoretische Ansätze in den Sozialwissenschaften, in: Historical Social Research 1 (1996), S. 70.

99 Zum Verfahren der nichtlinearen Zeitreihenanalyse siehe beispielsweise: Schulte-Tickmann, Einheit und Vielfalt des Wissens, S. 140ff., 184–185.

100 Vgl. Salganik, u. a., Experimental Study of Inequality and Unpredictability in an Artificial Cultural Market, S. 854–856. Haag, Modelling with the Master Equation, S. 143ff.

101 Vgl. Christof Nachtigall: Selbstorganisation und Gewalt, Münster 1998, S. 105ff.

102 Vgl. Dirk Helbing, Wolfgang Weidlich: Quantitative Soziodynamik. Gegenstand, Methodik, Ergebnisse und Perspektiven, in: Kölner Zeitschrift für Soziologie und Sozialpsychologie 1 (1995), S. 114–140. Helbing, Johansson, Self-organization in Pedestrian Crowds, S. 71ff.

103 Vgl. Dirk Helbing: Verkehrsdynamik: Neue physikalische Modellierungskonzepte, Berlin, Heidelberg 1997.

104 Vgl. Haag, Modelling with the Master Equation, S. 233ff.

105 Vgl. Ravi Bhavani u. a.: Group Segregation and Urban Violence, in: American Journal of Political Science 1 (2014), S. 226–245.

- Ökonomie: Investmentverhalten in Unternehmen[106], Dynamik des Immobilienmarktes[107], Konsumverhalten von Populationen[108].

Wolfgang Weidlich nimmt daran anknüpfend für Modellierungen sozialer Ordnungsbildungsprozesse an, dass die Synchronisation (Weidlich verwendet den synonym zu verstehenden Terminus der „Konformität") vor allem durch jeweils spezifische sozioökonomische Faktoren in ihrer Ausprägung reguliert wird. Auch neuere Quellen scheinen diese Annahme, wie im Verlauf der Analyse deutlich werden wird, zu bestätigen.[109] Die zentrale These, die sicherlich eine tiefergehende sozialwissenschaftliche Analyse verdient, ist dann in diesem Zusammenhang, dass mit steigender (womöglich auch nur gefühlter![110]) „sozioökonomischer Not" (als gewissermaßen externer Kontrollparameter) der jeweiligen Individuen des betrachteten sozialen Systems die „Synchronisationsbereitschaft" innerhalb dieses Systems steigt (als dann wesentlicher interner Kontrollparameter).[111]

106 Vgl. Günter Haag u. a.: The Schumpeter Clock, in: David Batten u. a. (Hrsg.): Economic Evolution and Structural Adjustment, Berlin, Heidelberg 1987, S. 187–226.

107 Vgl. Roberto Dieci, Frank Westerhoff: A Simple Model of a Speculative Housing Market, in: Journal of Evolutionary Economics 2 (2012), S. 303–329.

108 Vgl. Matteo Ploner: Peer Effects at Campus Cafeterias. An Empirical Investigation into Imitation and Social Proximity, in: Journal of Evolutionary Economics 1 (2013), S. 61–76.

109 Siehe beispielsweise: Angelos Stamos u. a.: Resource Scarcity, Socioeconomic Status and Conformity. The Impact of Resource Scarcity on Responses to Social Influence Depends on Childhood Environments, in: NA – Advances in Consumer Research 44 (2016), S. 635–636, URL: http://www.acrwebsite.org/volumes/1021343/volumes/v44/NA-44, Stand: 18.10.22.

110 Dieses „gefühlt" soll ausdrücken, dass an dieser Stelle die jeweilige interne Wahrnehmung der Teilnehmer eines bestimmten humanen Systems entscheidend sein könnte und nicht die womöglich „objektive" im Verhältnis zu anderen humanen Systemen sozioökonomische Situation der jeweiligen Teilnehmer. Dieser Gedanke muss im weiteren Verlauf der Lektüre an den jeweiligen Stellen in denen von sozioökonomischer Konsolidierung oder Deprivation die Rede ist „mitgedacht" werden.

111 Vgl. Weidlich, Sociodynamics, S. 163, 167, 174, 189–190. Wolfgang Weidlich: Synergetische Modelle für eine quantitative Sozialwissenschaft, in: Hartmut Esser, Klaus G. Troitzsch (Hrsg.): Modellierung sozialer Prozesse. Neuere Ansätze und Überlegungen zur soziologischen Theoriebildung, Bonn 1991, S. 503–504.

Somit könnte man bei aller gebotenen Vorsicht, aufgrund der teilweise noch schwachen empirischen Datenbasis, annehmen, dass strukturelle Instabilitäten und Synchronisationsprozesse auch für die Etablierung und Dynamik von Kognitions-Emotions-Verhaltens-Mustern und daran gekoppelter Kulturprodukte in bestimmten sozialen Gruppen unter bestimmten Bedingungen leitend sind. Dies würde dann die empirisch wahrnehmbare Vielfalt und gleichzeitig zu beobachtende Abgrenzung ganz unterschiedlicher kultureller Ausdrucksformen voneinander plausibel machen.[112]

Den „Sinn" dieser kulturell-technischen Muster- oder genauer Strukturbildung könnte man daran anknüpfend mit Eric D. Schneider und Dorion Sagan deuten als einen auf den unterschiedlichsten Ebenen in der Natur zu beobachtenden und durch Selbstorganisationsprinzipien beschreibbaren Prozess der „Suche" nach den effektivsten Formen der Degradation der freien Energie bzw. des gegebenen Energiegradienten zwischen Sonne und Erde, durch unterschiedlichste offene Systeme.[113] Das „Leben" in all seinen sich über Millionen von Jahren herausgebildeten vielfältig strukturierten Formen auf der Erde, über den in etwa 73 Tonnen schweren Sauropoden *Argentinosaurus huinculensis* der Kreidezeit bis zum aktuell größten Braunkohlekraftwerk der Welt in Belchatów, ist für Sagan und Schneider gewissermaßen das Zeugnis dieses Prozesses.[114] Vor allem der Mensch und die durch ihn erfolgte kulturgeprägte Technisierung seiner Lebenswelten beschleunigen in diesem Zusammenhang die Degradation der freien Energie immens effektiv. Stellt man die (thermodynamische) Effizienz in den Mittelpunkt der Betrachtung, erscheint das kulturell-technische „Hochrüsten" des Menschen auf Basis von durch Konformitätsdruck (Benedict) oder Verlustaversion (Kahnemann) synchronisierter Kognitions-Emotions-Verhaltensmuster und daran gekoppelter vielfältiger kulturell-technischer „Investmentstrategien" somit vielleicht

112 Diese Abschnitte wurde in ähnlicher Form bereits veröffentlicht in: Schulte-Tickmann, Einheit und Vielfalt des Wissens, S. 179–180, 184–185.

113 Unter Degradation wird in diesem Zusammenhang der Abbau bzw. die Transformation von Energie in nicht mehr arbeitsfähige Wärmeenergie durch bestimmte Strukturen in offenen Systemen verstanden (vgl. Schneider, Sagan, La Termodinámica de la Vida, S. 396).

114 vgl. ebd. S. 162–163, 211, 243, 395ff.

folgerichtig.[115] In genau dieser Weise deutet auch der Anthropologe Claude Levi Strauss das kulturell-technische Geschehen auf dieser Erde, spricht jedoch statt von „Degradation freier Energie“ von der Produktion von „Trägheit“, gemeint scheint jedoch dasselbe:

> „Seitdem der Mensch begonnen hat, zu atmen und sich zu ernähren, seit der Entdeckung des Feuers bis zur Erfindung atomarer und thermonuklearer Verrichtungen, hat er [...] nichts anderes getan, als unbekümmert Milliarden von Strukturen zu zerstören, um sie in einen Zustand zu versetzen, in dem sie sich nicht mehr integrieren lassen. [...] So daß [sic] sich die ganze Kultur als ein Mechanismus beschreiben läßt [sic], in dem wir nur zu gern die Chance des [dauerhaften; Ergänzung d. Verf.] Überlebens sehen möchten, die unser Universum besitzt, wenn seine Funktion nicht darin bestünde, das zu produzieren, was [...] wir Trägheit nennen.“[116]

Diese ultimate (/langfristige) von Strauss hier in den Blick genommene thermodynamische Perspektive scheint dann mit Fokus auf alle offenen Systeme und im Besonderen auch für den Menschen kein „bewusster“ Antrieb zu sein. Vielmehr verhalten sich diese auf der jeweils proximaten (/kurzfristigen) Ebene des einzelnen offenen Systems, und hier hat man vor allem die „lebendigen Systeme“ im Sinn, so „als ob“ es um ihr „Überleben“ geht.

Aus dieser Selbstorganisationskonzepte berücksichtigenden naturphilosophischen Perspektive auf den Menschen ergeben sich dann interessante Konsequenzen für a) das Verhältnis des Menschen zu dem, was gemeinhin als Natur und Kultur bezeichnet wird und somit b) für die Frage nach Möglichkeiten und Grenzen eines nachhaltigen Verhaltens dieses Kultur schaffenden Wesens Mensch, so wie es ethische Konzepte starker Nachhaltigkeit mit Bezug auf Natur formulieren.

115 Dieser Abschnitt wurde in ähnlicher Form bereits veröffentlicht in: Schulte-Tickmann, Einheit und Vielfalt des Wissens, S. 90.

116 Claude Lévi-Strauss: Traurige Tropen, übersetzt von Eva Moldenhauer, Frankfurt am Main 1999, S. 411.

Zu a): Aus der Perspektive des oben vorgestellten nichtreduktiven Naturalismus lässt sich nun *ein* mögliches Natur- und Kulturverständnis ableiten, nach welchem man unter Natur zunächst die Summe aller bewusstseinsunabhängigen, materiell-energetisch fundierten Objekte versteht. Dies umfasst dann auch den Menschen als einen Teil dieser materiell fundierten Natur, indem dieser aus eben jener im Sinne eines Selbstorganisationsprozesses hervorgegangen ist. Dieser Mensch als Naturwesen schafft dann, über bestimmte kollektiv in bestimmten Gruppen und Kontexten geteilte Kognitions-Emotions-Verhaltensmuster, Kulturgüter, ebenfalls auf materiell-energetischer Basis, die möglicherweise ultimat der Degradation der freien Energie dienen und proximat das Dasein des jeweiligen sozialen Gruppe in dem jeweiligen Kontext „vereinfachen". Diese kollektiv geteilten Kulturgüter wirken dann, vom Faustkeil bis zum Smartphone, im Sinne des Synchronisationsprinzips (kreiskausal) zurück auf diese kultur-schaffenden Naturwesen und „fördern" so vor allem die Individuen, die sie am effektivsten nutzen.[117] Der Mensch und die Dinge, die er produziert, sind somit möglicherweise stets beides. Denn versteht man das Naturwesen Mensch und seine Kulturproduktion in dieser Weise als Ergebnis eines Selbstorganisationsprozesses innerhalb einer bestimmten sozialen Gruppe innerhalb eines bestimmten Kontextes bzw. unter bestimmten Randbedingungen, so ist der *Mensch* wohl am ehesten als ein *Natur-Kultur-Zusammenhang* zu denken. Diese Betrachtungsweise ist nicht neu. So drückt der Philosoph Helmuth Plessner den Gedanken, dass der Mensch gewissermaßen „von Natur aus halb und halb ist" wie folgt aus: „Existentiell bedürftig, hälftenhaft, nackt ist dem Menschen die Künstlichkeit wesensentsprechender Ausdruck seiner Natur."[118] Dieser existentielle nun im selbstorganisationstheoretischen Sinne zu verstehende Aspekt

117 Vgl. Weidlich, Synergetische Modelle für eine quantitative Sozialwissenschaft, S. 486 ff. Wilson, Biologie als Schicksal, S. 84.

118 Helmuth Plessner: Die Stufen des Organischen und der Mensch. Einleitung in die philosophische Anthropologie, Berlin 1975, S. 316. – Auch Aristoteles lässt sich im Sinne dieser Doppelnatur des Menschen deuten. So ist für ihn, wie bereits erwähnt wurde, Natur alles, was aus sich selbst heraus entsteht und auch Kulturgüter wie bestimmte politische Strukturen in bestimmten sozialen Gruppen sind das Ergebnis des Menschen der „[...] von Natur [aus; Ergänzung d. Verf.] ein staatliches Wesen ist [...]" (Aristoteles: Politik, übersetzt von Eugen Rolfes, Hamburg 1981, S. 4/1253a).

von Kultur wird auch von intensiv mit den letzten nicht oder kaum mit Zivilisation in der aktuell westlichen Form in Kontakt getretenen, nicht selten problematisch als „Naturvölker“ bezeichneten, indigenen Stämmen in Südamerika arbeitenden Anthropologen, wie José Carlos Meirelles, betont. Meirelles weist, anhand von Begegnungen „zwischen den Kulturen“ und somit verschiedenen Kognitions-Emotions-Verhaltensmustern, die „Attraktivität“ bzw. Effektivität und letztendliche Dominanz durch entsprechende starke interne Synchronisationseffekte der westlichen Kognitions-Emotions-Verhaltensmuster auch für indigene Stämme, beispielsweise anhand der Übernahme von Waffen- und Werkzeuggebrauch und Techniken des Hausbaus, nach.[119]

Das Ergebnis dieser selbstorganisierten Natur-Kultur-Prozesse bildet sich dann in den Natur-Kultur-Verhältnissen ab, so wie wir sie heute vorfinden. In diesem Sinne wäre dann beispielsweise der Klimawandel als ein Natur- *und* Kulturphänomen zu begreifen.[120]

Zu b): Aus diesem aus der Reflexion auf Konzepte von Selbstorganisationstheorien hervorgegangenen Natur-Kultur-Begriff lassen sich dann bestimmte Konsequenzen für starke Nachhaltigkeitskonzepte ableiten. Im Besonderen die durch diese formulierten Ideen des Verhaltens von Menschen, welches 1. der Erhaltung bestimmter „natürlicher Ressourcen und 2. der intra- und intergenerationellen (Verteilungs-)Gerechtigkeit dient.

Fokussiert man zunächst auf die Idee der Erhaltung bestimmter „natürlicher Ressourcen“ und versteht man menschliche Gruppen, die diese leitenden Kognitions-Emotions-Verhaltens-Muster und die daraus hervorgehenden kulturell-technischen Phänomene als das Ergebnis von durch Prinzipien von Selbstorganisationsprozessen beschreibbare Muster-

119 Vgl. José Carlos Meirelles,: Terras compartilhadas por povos indígenas isolados e contatados: o Alto Rio Envira como estudo de caso, in: Tipití. Journal of the Society for the Anthropology of Lowland South America, 16 (2018), S. 120–124, insbesondere S. 124. Kommentar von José Carlos Meirelles in: Angus McQueen: Das Ende von Eden, Frankreich 2017, 1.15h–1.18h. – Ein starker sozioökonomischen Druck innerhalb der indigenen sozialen Gruppen mag hier als gewissermaßen externer Kontrollparameter fungieren.

120 Vgl. Leggewie, Welzer, Das Ende der Welt, wie wir sie kannten, S. 31–32.

bildungsprozesse offener, sozialer Systeme auf der (unbewussten) von Konformität/Verlustangst bestimmten Suche nach den effizientesten Formen der Degradation der freien Energie unter bestimmten Randbedingungen führt dies 1) zu einem kontinuierlichen instabilitätsbasierten Wandel der jeweiligen sozialen Systeme. Geht man ferner davon aus, dass diese offenen soziale Systeme wiederum eingebunden sind in andere, teils offene Systeme führt dies 2) mittelbar auch zu einem Wandel der dieses soziale (Sub-)System umgebenden Systeme und somit 3) rückkoppelnd zu einer kontinuierlichen Veränderung der Randbedingungen des betrachteten sozialen Systems, die erneut zu Punkten struktureller Instabilität führen können. Die hierdurch auf allen systemischen Ebenen immer wieder neu induzierten Punkte struktureller Instabilität und darauf aufbauender Synchronisationseffekte und die damit einhergehenden strukturell-materiell-energetischen Veränderungen innerhalb einzelner Systeme führen dazu, dass von Erhaltung bestimmter Systemzustände oder der Erhaltung bestimmter Elemente, also bestimmter „natürlicher Ressourcen" innerhalb einzelner, betrachteter Systeme in einem bestimmten Zustand kaum sinnvoll geredet werden kann.

Mit Hermann Hesse könnte man diesen selbstorganisierten zu ständigem Wandel in den Materie- und Energieflüssen führenden Prozess bildlich gesprochen als die dauerhafte von Trial und Error begleitete Suche nach „unerschöpften Böden, die noch willig hergeben" deuten.[121] Vor diesem Hintergrund scheinen das Wechselspiel zwischen Wachstum und Zerfall, Stabilität und Instabilität eher das Wesen offener und somit auch humaner Systeme und ihrer lebendigen Dynamik auszumachen als die Idee der Erhaltung ganz bestimmter Systemzustände, mithin ganz bestimmter „natürlicher Ressourcen". Dieser Befund steht dann womöglich auch im Widerspruch zu der für Konzepte starker Nachhaltigkeit wesentlichen Idee der intergenerationellen (Verteilungs-)Gerechtigkeit.[122] Entscheidendes Argument für diesen Schluss an dieser Stelle scheint dann vor allem die durch empirische sozialwissenschaftliche Forschung nahegelegte anthropologische Annahme, dass sich bestimmte Kognitions-Emotions-

121 Vgl. Hermann Hesse: Die Stadt, In: Hermann Hesse: Das Leben bestehen. Krisis und Wandlung, hrsg. von Volker Michels, Frankfurt am Main 1986, S. 47.

122 Vgl. Küppers, Wissen statt Moral, S. 126–127, 131–135.

Verhaltensmuster in sozialen Gruppen in *und* als ein bestimmter Natur-Kultur-Zusammenhang vor allem durch unbewusste emotiv geprägte Konformitäts- oder Synchronisationseffekte immer wieder neu kollektiv etablieren. Mit Yuval Noah Harari und in Anlehnung an Heraklit könnte man somit festhalten: „[D; Ergänzung d. Verf.]ie größte Konstante der Geschichte ist die, dass sich alles verändert."[123] Selbstorganisationskonzepte machen dann ein wissenschaftlich gestütztes Angebot der gesetzesartigen Beschreibung diese kontinuierlichen und gleichzeitig immer wieder abrupten also diskontinuierlichen Veränderungsprozesse offener Systeme auf diesem Planeten.

Aus dieser naturphilosophischen Perspektive lässt sich daran anknüpfend auch eine Bewertung bezüglich der für Konzepte starker Nachhaltigkeit wesentlichen Idee der intragenerationellen (Verteilungs-)Gerechtigkeit vornehmen.

Versteht man einzelne Menschen zunächst als Elemente oder Teilnehmer eines global verstandenen ökologisch-sozial-ökonomischen Systems, kann dann im Sinne der bereits dargestellten Selbstorganisationskonzepte für den humanen Bereich gezeigt werden, dass Instabilitäten in den spezifischen Kognitions-Emotions-Verhaltensmustern und darauf aufbauend unbewusste emotiv geprägte Konformitäts- oder Synchronisationseffekte zu sich selbst verstärkendem, kollektivem Verhalten innerhalb von bestimmten sozialen Gruppen in bestimmten spezifischen Kontexten führen. Auf diesem Weg kommt es zu einer empirisch fassbaren, graduell verschiedenen Abgrenzung dieser sozialen Systeme und ihrer kulturspezifischen Eigenheiten, im Sinne jeweils eigener Kognitions-Emotions-Verhaltensmuster, nach außen. Diese Dynamik verhindert dann die dauerhafte globale Etablierung eines Systemzustandes, der der „Gleichverteilung" sozioökonomischen Verhaltens und somit der Idee der intragenerationellen Gerechtigkeit entsprechen würde.[124] Die auf diesem Weg innerhalb bestimmter sozialer Gruppen unter den jeweili-

123 Yuval Noah Harari: Homo Deus. Eine Geschichte von Morgen, übersetzt von Andreas Wirthensohn, München 2017, S. 111. Heraklit: Fragmente, hrsg. von Bruno Snell, München 1983, S. 29, 39.

124 Dieser Abschnitt wurde in ähnlicher Form bereits veröffentlicht in: Schulte-Tickmann, Einheit und Vielfalt des Wissens, S. 197.

gen Bedingungen etablierten erfolgreichen oder effizienten, im Sinne der Degradation der freien Energie, kulturell-technischen Strukturen schließen dann, als bestimmte autokatalytisch wirksam werdende Struktur, zwangsläufig andere Strukturen aus bzw. treten in starke Konkurrenz mit diesen. Sie führen somit zu mehr oder weniger Ungleichheit/Ungerechtigkeit, verstanden als ungleiche Verteilung von Ressourcen bzw. Gütern innerhalb einer bestimmten Generation. Pointiert ausgedrückt könnte man annehmen, dass Phänomene selbstorganisierter Strukturbildung sich gewissermaßen antithetisch gegen die Idee der Gerechtigkeit stellen, indem sie abtrennen, festlegen, potentiell Anderes „negieren" und im Sinne der eigenen strukturell fixierten (Stoffwechsel-)Prozesse dominieren. Horkheimer und Adorno fassen diese Annahme wie folgt auf:

> „Die Menschengattung einschließlich ihrer Maschinen, Chemikalien, Organisationskräfte – und warum sollte man diese nicht zu ihr zählen wie die Zähne zum Bären, da sie doch dem gleichen Zweck dienen und nur besser funktionieren – ist in dieser Epoche le dernier cri der Anpassung. Die Menschen haben ihre unmittelbaren Vorgänger nicht nur überholt, sondern schon so gründlich ausgerottet wie wohl kaum je eine moderne species [sic] die andere, die fleischfressenden Saurier nicht ausgeschlossen.
> Demgegenüber scheint es eine Art Schrulle zu sein, die Weltgeschichte [...] im Hinblick auf Kategorien wie [...] Gerechtigkeit konstruieren zu wollen. Diese stammen in der Tat aus den abwegigen Individuen, jenen, die vom Gang des großen Ganzen aus gesehen, nichts bedeuten, es sei denn, daß [sic] sie vorübergehende gesellschaftliche Zustände herbeiführen helfen, in denen besonders viel Maschinen und Chemikalien zur Stärkung der Gattung und Unterjochung der anderen geschaffen werden."[125]

125 Horkheimer, Adorno, Dialektik der Aufklärung, S. 234. – Der von Horkheimer und Adorno hier im letzten Teil möglicherweise angedeutete „dialektische Effekt" wird weiter unten unter der Überschrift „Zum Erfolg des Begriffs der Nachhaltigkeit" tiefergehend analysiert werden, sei hier aber bereits angedeutet.

Die von Horkheimer und Adorno besonders ins Auge gefasste Konkurrenz zwischen Mensch und Flora und Fauna zu Gunsten der menschlichen kulturell-technischen (Stoffwechsel-)Strukturen ließe sich dann ausweiten auf selbstorganisierte/strukturelle Ungleichverteilungen hinsichtlich bestimmter Zugänge zu bestimmten Ressourcen zwischen und/oder innerhalb bestimmter sozialer Gruppen, durch die entsprechenden innerhalb bestimmter sozialer Gruppen dominierenden Kognitions-Emotions-Verhaltensmuster.

Dies würde dann das auf unterschiedlichen Ebenen empirisch wahrnehmbare „ungleichgewichtige", vermeintlich nicht nachhaltige Verhalten der Menschen[126] verstehbar machen, so wie es sich beispielsweise historisch und aktuell in zunehmender Flächenversiegelung, Metropolenbezogenem Bauboom, exponentiell wachsendem Energiehunger, staatenbezogenen Wirtschaftskrisen, rasantem Artensterben, aufgrund der Zerstörung bestimmter arttypischer Lebensräume oder nicht endenden Flüchtlingsströmen aus beispielsweise Afrika und Südamerika ausdrückt.

Dieser instabilitäts- und synchronisationsbasierte Wandel offener Systeme, gewissermaßen in und auseinander heraus, macht es auf der erkennend theoretischen (der sog. epistemischen) Ebene nahezu unmöglich überhaupt abzuschätzen, welche und wie dauerhaft bestimmte strukturelle Zustände innerhalb bestimmter Systeme unter bestimmten ebenfalls dynamischen, instabilen Randbedingungen effektiv wirksam sind. Und somit ist auch offen, wie lange diese erhalten bleiben (begrenzte Prognostizierbarkeit).[127] Die von Selbstorganisationskonzepten betonte systemische Eingebundenheit des Menschen in vielfältige Natur-Kultur-Zusammenhänge und die hier auf empirischer Seite festzustellenden, auf Punkte struktureller Instabilität folgenden, *unbewusst-emotiven* Synchronisationseffekte, als wesentliches Element der Strukturbildung im humanen Bereich, machen es dann auf der handelnd eingreifenden Ebene kaum möglich, bestimmte Natur-Kultur-Zusammenhänge *bewusst* intentional zu erhalten (begrenzte Kontrollierbarkeit). In diesem Sinne suggerieren Konzepte starker Nachhaltigkeit womöglich eine „Machbarkeit" oder ein „Managing" von Natur (-Kultur-Zusammenhängen), wel-

126 Vgl. Küppers, Wissen statt Moral, S. 131.
127 Vgl. Haken, Schiepek, Synergetik in der Psychologie, S. 284.

chem vor dem Hintergrund der Erkenntnisse um Selbstorganisationskonzepte prinzipielle Grenzen gesetzt sind.[128]

Somit ergeben sich aus den aktuellen Erkenntnissen um Selbstorganisationsprozesse im humanen Bereich für normative Konzepte starker Nachhaltigkeit bestimmte Limitationen, die a) den Menschen als einen Teil offener, in stetigem Wandel begriffener, ökologisch-sozial-ökonomischer Systeme und mithin vielfältiger Natur-Kultur Zusammenhänge betreffen und b) den Menschen selbst und seine unbewusst zu Synchronisation neigende Natur, die eine konsequente Realisierung mindestens zweifelhaft erscheinen lassen oder sogar unmöglich machen.

Aus dieser Perspektive könnte man Verfechtern von Nachhaltigkeitskonzepten dann zunächst implizit einen (normativ-)kulturistischen Fehlschluss unterstellen. Als solcher gelten, nach Michael Schmidt-Salomon, normativ zu verstehende Programme (wie beispielsweise eben jene Konzepte starker Nachhaltigkeit), die aktuelle und als empirisch gut bestätigt geltende wissenschaftliche Erkenntnisse, wie etwa die um aktuelle Selbstorganisationskonzepte, bewusst oder unbewusst auszublenden scheinen. Der kulturistische Fehlschluss bestehe dann darin, dass aus einem (unterstellten) „Sollen“ abgeleitet würde, was als vermeintlich adäquate Beschreibung des „Seins“ geltend gemacht werden solle[129].

Der kulturistische Fehlschluss wird in diesem Zusammenhang als eine Umkehrung des bekannten von George Edward Moore in dem Werk „Principia Ethica“ geprägten Begriffs des naturalistischen Fehlschlusses verstanden[130], nach welchem es keinen Übergang vom Sein zum Sollen gibt. Aus der vermeintlichen Tatsache, wie etwas ist, folgt somit nicht zwangsläufig, wie etwas sein soll. Sowohl der naturalistische als auch der kulturalistische Fehlschluss galten daher lange als Kategorienfehler, bei welchen die Sphären der Fakten und Werte in unzulässiger Weise vermischt

128 Vgl. Jan Cornelius Schmidt: Die Selbstoptimierung des Selbst. Zur Technikphilosophie des Neuroenhancements, in: Alexander Friedrich u. a. (Hrsg.): Arbeit und Spiel, Baden-Baden 2018, S. 246–247.

129 Vgl. Michael Schmidt-Salomon: Auf dem Weg zur Einheit des Wissens. Die Evolution der Evolutionstheorie und die Gefahren von Biologismus und Kulturismus, o. O. o. J., S. 10, URL: http://www.schmidt-salomon.de/bruno/Archiv/einheitwiss.pdf, Stand: 07.1022.

130 Vgl. George Edward Moore: Principia Ethica, Cambridge 1993, S. 62ff.

werden würden.[131] Aus der Perspektive des nichtreduktiven Naturalismus scheint es jedoch ratsam, hinsichtlich dieses tradierten Diktums Vorsicht walten zu lassen. Mit Bezug auf die hier vorgestellten Selbstorganisationskonzepte und deren Anwendung auf den humanen Bereich käme man sonst allzu leicht zu dem Ergebnis, Nachhaltigkeitskonzepte insgesamt mit Rekurs auf das vermeintliche „Sein" offener Systeme zurückzuweisen. Doch, bestimmte Bedingungen vorausgesetzt, „sollen" normative Konzepte dann doch „sein". Ein solcher Sein-Sollen-Zusammenhang (den man analog verstehen kann zu dem weiter oben entwickelten Natur-Kultur-Zusammenhang) lässt sich dann mit Blick auf Konzepte der Nachhaltigkeit und vor dem Hintergrund der bisher hier gewonnenen Erkenntnisse um Selbstorganisationskonzepte zunächst mindestens in zweifacher Hinsicht annehmen und soll im folgenden Abschnitt unter dem Begriff der *schwachen Nachhaltigkeit* genauer vorgestellt werden.

131 Vgl. Schmidt, Das Andere der Natur, S. 276, 282.

5. Möglichkeiten und Grenzen von Konzepten schwacher Nachhaltigkeit

„‚Es geht vorwärts!' rief der Ingenieur [...].“[132]

Für den humanen Bereich konnte im letzten Abschnitt gezeigt werden, dass Instabilitäten in den spezifischen Kognitions-Emotions-Verhaltensmustern und darauf aufbauend unbewusste emotiv geprägte Konformitäts- oder Synchronisationseffekte zu sich selbst verstärkendem, kollektivem Verhalten und somit auch bestimmten kulturell-technischen Strukturen innerhalb von bestimmten sozialen Gruppen in spezifischen Kontexten führen, die der effizientesten Degradation der freien Energie unter den jeweils gegebenen Bedingungen dienen. Der darauf aufbauende *kontinuierliche* Wandel in den Energie- und Materieflüssen unter den jeweiligen Randbedingungen bestimmter ökologisch-sozial-ökonomischer Systeme führt dann dazu, dass von Nachhaltigkeit vielleicht nicht im starken Sinne einer dauerhaften, gleichverteilten Erhaltung *bestimmter* Systemzustände und somit *bestimmter* „natürlicher Ressourcen“ geredet werden kann, wohl aber, in Anlehnung und Vertiefung dessen, was weiter oben hierzu bereits ausgeführt wurde, in einem *schwachen* Sinne, verstanden als a) Verschiebung und b) Verlangsamung von spezifischen Energie- und Stoffwechselprozessen innerhalb bestimmter ökologisch-sozial-ökonomischer Systeme unter bestimmten Randbedingungen, durch ein spezifisches, empirisch wahrnehmbares Verhalten von Menschen als wesentliche Teile dieser Systeme. Diese vom hier vertretenen nicht reduktiven Naturalismus eingenommene Perspektive passt

132 Hesse, Die Stadt, S. 42.

dann zu einem Nachhaltigkeitsverständnis, welches den potentiell in offenen Systemen stets angelegten, selbstorganisierten Entwicklungsgedanken auf materiell-energetischer Basis betont.[133] Mit Martin Held und Klaus Kümmerer könnte man sagen: „Es gibt keine nachhaltige Entwicklung, wenn sich nichts entwickelt. Es geht also nicht um das Festhalten von starren, gegebenen Zuständen, sondern um Prozesse des Lebens und der Entwicklung. Neues und Kreativität haben darin einen prominenten Platz."[134] Dieses als schwach bezeichnete Nachhaltigkeitsverständnis soll nun im Folgenden mit Hilfe der Begriffe der a) Verschiebung und b) Verlangsamung genauer charakterisiert werden.

Zu a) Verschiebung:
Der oben bereits dargestellte Gedanke des selbstorganisierten Wandels offener humaner Systeme kann nun dahingehend akzentuiert werden, dass es innerhalb bestimmter menschlicher Populationen zur selbstorganisierten Etablierung bestimmter Kognitions-Emotions-Verhaltensmuster und bestimmter daraus hervorgehender kulturell-technischer Phänomene kommt, die einer spezifischen möglichst effizienten Degradation der jeweils unter diesen Bedingungen zur Verfügung stehenden freien materiell-energetischen Ressourcen entspricht. Alfred James Lotka fasst diese gesetzesartig zu verstehende Dynamik bereits 1922, auch mit Blick auf humane Systeme, unter dem Begriff des „Principle of Maximum Energy Flux"[135]: Solange wie gewissermaßen ein „Überschuß" an frei zur Ver-

133 Vgl. Jan C. Schmidt, Dirk Ipsen: Dynamische Perspektiven einer nachhaltigen Entwicklung. Eine einleitende Skizze, in: Dirk Ipsen, Jan C. Schmidt (Hrsg.): Dynamiken der Nachhaltigkeit, Marburg 2004, S. 13. Matthias Hummel, Dirk Ipsen: Bedingungen nachhaltiger Ressourcennutzungssysteme zum Schutz der biologischen Vielfalt, in: Dirk Ipsen, Jan C. Schmidt (Hrsg.): Dynamiken der Nachhaltigkeit, Marburg 2004, S. 173.

134 Martin Held, Klaus Kümmerer: Rhythmen und Resilienz. Nachhaltige Entwicklung in zeitlicher Perspektive, in: Dirk Ipsen, Jan C. Schmidt (Hrsg.): Dynamiken der Nachhaltigkeit, Marburg 2004, S. 145.

135 Alfred James Lotka: Contribution to the Energetics of Evolution, in: Proceedings of the National Academy of Science 8 (1922), S. 149. – In neuerer Zeit wurde dieser implizit auf Prinzipien von Selbstorganisationskonzepten Bezug nehmende Gedanke Lotkas vor allem durch Martha W. Gilliland (1978) und Howard T. Odum (1995) für humane Systeme unter dem Begriff „Maximum Power Principle" zugespitzt. Odum

fügung stehender Energie und Materie in der unmittelbaren Umgebung des betrachteten humanen Systems vorhanden ist, nimmt der totale Energie- und Materiedurchfluss durch das jeweiligen System, durch Aufbau immer größerer, diese Ressourcen nutzender (/degradierender) (vor allem auch kulturell-technischer) Strukturen zu, bis schließlich durch eine Verknappung der Ressourcen oder anderer den Stoff- und Energiedurchfluss begrenzender Faktoren, als Teile der Randbedingungen, ein spezifisch stationärer (System-)Zustand erreicht wird.[136]

Der Evolutionsbiologe Jared Diamond kann an verschiedenen historischen Beispielen für verschiedene Populationen in Montana, Pitcairn, Henderson, Normannisch-Grönland oder Yucatán genau diese Entwicklung zeigen. Die zunächst in großen Mengen vorhandenen freien Ressourcen führen in kürzester Zeit zu exponentiellem Bevölkerungswachstum. Die darauf folgende starke Verknappung der Ressourcen und zusätzliche,

formuliert es wie folgt: „The maximum power principle can be stated: During self-organization, system designs develop and prevail that maximize power intake, energy transformation, and those uses that reinforce production and efficiency“ (Howard. T. Odum: Self-Organization and Maximum Empower, in: Charles A. S. Hall [Hrsg.]: Maximum Power. The Ideas and Applications of H. T. Odum, Niwot 1995, S. 311). Gilliland führt daran anknüpfend aus: „[...] the maximum power principle [...] states that systems which maximize their flow of energy survive in competition. In other words, rather than merely accepting the fact that more energy per unit of time is transformed in a process which operates at maximum power, this principle says that systems organize and structure themselves naturally to maximize power. Systems regulate themselves according to the maximum power principle. Over time, the systems which maximize power are selected for whereas those that do not are selected against and eventually eliminated. [...] Odum argues [...] that the free market mechanisms of the economy effectively do the same thing for human systems and that our economic evolution to date is a product of that selection process“ (Martha W. Gilliland: Energy Analysis: A New Public Policy Tool Boulder 1978, S. 101–102).

136 Vgl. Mathias Binswanger: Das Entropiegesetz als Grundlage einer ökologischen Ökonomie, in: Frank Beckenbach, Hans Diefenbacher (Hrsg.): Zwischen Entropie und Selbstorganisation. Perspektiven einer ökologischen Ökonomie, Marburg 1994, S. 174. – Neben den bereits erwähnten Sauropoden mögen für den biologische Bereich als weitere Beispiele die Bach- und Regenbogenforellen Neuseelands dienen, die um 1870 als neu eingeführte Arten dort ideale Lebensbedingungen und kaum natürliche Feinde vorfinden und daher auf ungeahnte Größe heranwachsen. Oder man denke an den Palmendieb, der größte zurzeit an Land lebende Gliederfüßer, der aufgrund der geschützten Lage auf bestimmten ozeanischen Inseln ebenfalls immense Größen erreicht.

mit diesen Populationen konkurrierende Populationen von außen führten möglicherweise zu einer internen Steigerung der „Synchronisationsbereitschaft" (des Konformitätsdrucks), was zur Etablierung hochgradig effizienter, große Energiemengen degradierender Wirtschaftsformen über entsprechend kollektiv geteilte Kognitions-Emotions-Verhaltens-Muster führte.[137] Diamond führt diesen Prozess auf die folgende einfache Imitationsregel (Synchronisation/Verlustvermeidung-Kahneman) zurück: „Wenn ich nicht diesen Fisch fange oder meine Schafe auf jener Wiese weiden lasse, tut es ein anderer Fischer oder Schafhirte, also hat es keinen Sinn, wenn ich auf Überfischung oder Überweidung verzichte."[138] Die Folgen derartig synchronisierten Wirtschaftens zum Beispiel in Form von intensiver Abholzung und/oder intensiver Beweidung zeigen sich dann teilweise noch heute, zum Beispiel in den baumlosen, erodierten Landschaften der Osterinseln, Grönlands, Islands und in Teilen des Alpenraums.[139]

Früher oder später können diese kollektiv geteilten Wirtschaftsformen und die daran gekoppelten Energie- und Stoffwechselprozesse dann zu starken Veränderungen der Randbedingungen führen, die sich zum Beispiel in der Verknappungen der für diese Stoffwechselprozesse wesentlichen Ressourcen zeigen können oder in anderer Weise den Stoff- und Energiedurchfluss innerhalb des betrachteten humanen Systems zu begrenzen

137 Vgl.: Jared Diamond: Kollaps. Warum Gesellschaften überleben oder untergehen, übersetzt von Sebastian Vogel, Frankfurt am Main 2014, S. 45–345.

138 Ebd. S. 529.

139 Vgl. ebd. S. 368ff. – Das sozioökonomische Nord-Süd-Gefälle wiederum scheint klimatische Gründe zu haben (übergeordneter Kontrollparameter): Die Ökonomen Marshall Burke, Solomon Hsiang und Edward Miguel von der Stanford University und University of California in Berkeley konnten an ökonomischen Daten (pro Kopf Bruttoinlandsprodukt) von 166 Ländern im Zeitraum zwischen 1960 und 2010 zeigen, dass die ökonomische Produktivität signifikant von den klimatischen Bedingungen abhängt, mit steigender Temperatur linear abnimmt und ein relatives Optimum bei 13 Grad aufweist (vgl.: Marshall Burke u. a.: Global Non-linear Effect of Temperature on Economic Production, in: Nature 527 [2015], S. 235–239). Wenn, wie bereits durch unterschiedlichste Quellen in dieser Analyse nahe gelegt wurde, ein enger Zusammenhang zwischen der „Synchronisationsbereitschaft" und den sozioökonomischen Bedingungen besteht, könnte man diese klimatischen Einflüsse womöglich als ein weiteres kontigentes, nicht direkt durch bestimmte soziale Systeme kontrollierbares Element in der Frage um Möglichkeiten und Grenzen nachhaltigen Verhaltens verstehen.

drohen.[140] An diesen Punkten, die als strukturelle Instabilitäten gedeutet werden könnten, kann dann ein systeminterner „Suchprozess“ nach alternativen, unter den neu gegebenen Randbedingungen nun effektiveren Formen des Wirtschaftens, als alternatives Kognitions-Emotions-Verhaltensmuster, initiiert werden, die das bis dahin dominante Muster ablösen oder ersetzen (und/oder das System erlebt einen Zusammenbruch). Diese im Idealfall „erfolgreichen“ Suchprozesse lassen sich dann als Veränderungen oder Verschiebungen oder, wie Dirk Ipsen formuliert, über mehr oder weniger lange Zeiträume vollziehende Substitutionsprozesse, in den für das jeweilige humane System fundamentalen Kognitions-Emotions-Verhaltensmustern und den daran gekoppelten technisch-kulturellen Strukturen, verstehen. Als prominentes und gleichzeitig aktuelles Beispiel könnte man die fundamentalen, langwierigen Verschiebungsprozesse in der Nutzung bestimmter materiell-energetischer Grundlagen der wesentlichen Industrie- und Dienstleistungsgesellschaften verstehen: Von der Epoche der Industrialisierung und der Nutzung von Holz-, Kohle-, Öl-, Gas- und Kernenergie bis zu der, durch die Effekte und weltweiten Diskussionen um den Klimawandel und dem durch exponentielles Bevölkerungswachstum und Digitalisierung global steigendem Hunger nach elektrischer Energie initiierten, Suche nach emissionsfreien, noch „potenteren“ Energiequellen (beispielsweise Wind-, Wasser- oder Sonnenenergie).[141]

Wenn man den Begriff der Nachhaltigkeit in diesem schwachen Sinne über selbstorganisierte Verschiebungsprozesse in bestimmten offenen, vor allem humanen Systemen zu charakterisieren versucht, beinhaltet dies in Konsequenz, dass 1) auch ein in dieser Weise formulierter Nachhaltigkeitsbegriff, in Übereinstimmung mit dem hier vertretenen nicht-reduktiven Naturalismus, einen Rückbezug zu bestimmten materiell-energetischen fundierten Ressourcen betont, aber diese materiell-energetische Basis, die elementar für die Aufrechterhaltung eines offenes Systems per sé zu sein scheint, veränderbar ist und mit dieser die Struktur des jeweils betrachteten offenen Systems und 2) dass diese Veränderungen (/Ver-

140 Vgl. Franzen, Wann hören wir auf, uns etwas vorzumachen?, S. 43–44.

141 Vgl.: Dirk Ipsen: Substitutionsprozesse und Nachhaltigkeit. Zur Wahrnehmung der Kritikalität von Ressourcen, in: Dirk Ipsen, Jan C. Schmidt (Hrsg.): Dynamiken der Nachhaltigkeit, Marburg 2004, S. 305, 310.

schiebungen) in den kulturell-technischen Strukturen einer Population stets ambivalent sind mit Blick auf ihre Auswirkungen. Bestimmte kulturell-technische Strukturen schließen als Bestandteile offener Systeme andere aus. Man denke beispielsweise an den kontinuierlichen Rückgang der Wildtierpopulationen zu Gunsten der domestizierten Haus- und Nutztiere, vor allem durch bestimmte Formen der Lebensmittelproduktion und den damit verbundenen Flächenverbrauch[142] oder die Bedrohung der aktuellen arktischen und antarktischen Flora und Fauna zu Gunsten anderer Spezies, durch den Rückgang des Eises in den Polarregionen, unter anderem durch bestimmte Formen der humanen Energiegewinnung und den damit verbundenen klimatischen Veränderungen. Strukturelle Verschiebungen, beispielsweise im Bereich der Lebensmittelproduktion oder Energiegewinnung, könnten in diesem Zusammenhang vormals verloren gegangene materiell-energetische Grundlagen an bestimmten Stellen für konkurrierende offene Systeme erneut eröffnen, während sie an anderen Stellen womöglich andere verschließen. Dies impliziert 3), dass kollektive Suchprozesse in Populationen nach alternativen, effizienteren Strukturen der Degradation der jeweils zur Verfügung stehenden materiell-energetischen Ressourcen offenbar erst initiiert werden, wenn sich „Probleme“ in Form von bestimmten materiell-energetischen Limitationen tatsächlich *zeigen* oder „spürbar werden“. Beispielhaft zeigt sich diese Dynamik womöglich in der global geführten Klimadebatte und der damit verbundenen Suche nach alternativen Formen der Deckung des weltweit exponentiell steigenden Energiebedarfs oder in den europaweiten Versuchen dem drastischen Rückgang der Insekten- und Vogelpopulationen durch entsprechende politische Maßnahmen entgegen zu wirken (man denke an die 2020 in Brüssel verabschiedete EU-Biodiversitätsstrategie).[143] In diesem Sinne scheint der kollektiv synchronisierte, unbewusste „Trial“ und anschließende „Error“ möglicherweise unumgehbarer Teil der Con-

142 Vgl. Harari, Homo Deus, S. 116.

143 Man fühlt sich an dieser Stelle an eine Beobachtung des Psychoanalytiker Carl Gustav Jung erinnert, der 1921 feststellte: „Nur kausal wirkender Zwang bewegt die Natur, auch die menschliche. Ohne Not verändert sich nichts, am wenigsten die menschliche Persönlichkeit. Sie ist ungeheuer konservativ, um nicht zu sagen inert“ (Carl Gustav Jung: Über die Entwicklung der Persönlichkeit, hrsg. von Lilly Jung-Merker, Elisabeth Rüf, Ostfildern 1995 [1934], S. 197).

ditio humana. 4) Dies bedeutet dann auch, dass bestimmte durch einzelne soziale Gruppen hervorgebrachte, technisch-kulturelle Strukturen, im Sinne der oben bereits eingeführten Kreiskausalität, als effektivste Formen der Degradation der freien Energie bei Verknappung der Energiequellen, die sie zu ihrer Aufrechterhaltung benötigen, auf die jeweilige humane Population zurückwirken. Dahingehend, dass sie gewissermaßen mehr oder weniger bewusste Suchprozesse nach alternativen Formen der Aufrechterhaltung und/oder Ausweitung dieser Strukturen „fordern" bzw. „initiieren" können, die sich dann als Verschiebungsprozesse in den materiell-energetischen Grundlagen zeigen. In dieser Weise „fordern" dann beispielsweise die Digitalisierung und die mit diesem Begriff assoziierten technisch-kulturellen Strukturen neue Formen der Energiebereitstellung. Somit wäre dann beispielsweise mit Blick auf die Digitalisierung auch nie ganz genau angebbar, wer hier eigentlich „wen wohin verschiebt". 5) Die selbstorganisierte Dynamik dieser Verschiebungsprozesse könnte somit abschließend für offene Systemen als konstitutiv gelten und hinsichtlich des konkreten Ortes, des Zeitpunktes und der Richtung nicht voraussagbar, planbar oder austauschbar, weil die jeweiligen über Punkte struktureller Instabilität etablierten internen Strukturen des betrachteten offenen Systems und die jeweils umgebenden Randbedingungen dies unmöglich machen. Ob eine innerhalb eines bestimmten offenen, humanen Systems etablierte Struktur dann nachhaltig ist (im starken Sinne des Begriffs), lässt sich somit aus epistemischen Gründen womöglich kaum angeben. Somit repräsentieren spezifische technisch-kulturelle Strukturen bestimmter offener humaner Systeme immer nur den unter den jeweils vorherrschenden Bedingungen effizientesten Weg der Degradation der freien Energie für eine bestimmte Zeit. Diese sind immer Durchgangsstadium, immer fehlbar, nie fertig oder ideal, sondern stets „auf dem Weg". Der momentane technisch-kulturelle Status Quo auf diesem Planeten ist dann das zwischenzeitliche Ergebnis dieses selbstorganisierten, auf strukturellen Instabilitäten und Synchronisationsphänomenen aufbauenden, über viele Stufen verlaufenden Entwicklungs- und Verschiebungsprozesses, in dem womöglich keine Stufe übersprungen oder ausgespart werden konnte. Vor diesem Hintergrund könnte man abschließend etwas provokant mit Roland Baader und Sandra Mitchell sagen: Wir wären höchstwahrscheinlich nicht *wir* und wir wären nicht wo wir heute sind, wenn es nicht *auch* Brandrodung, Bergbau und damit Kohle, Stahl und Industrie in unserer Entwicklungsgeschichte zumindest für eine gewisse Zeit gegeben hätte.[144]

Zu b) Verlangsamung:
Das bis hierhin über *qualitative* Verschiebungsprozesse von spezifischen (Energie- und Stoffwechsel-)Prozessen innerhalb bestimmter ökologisch-sozial-ökonomischer Systeme gekennzeichnete schwache Nachhaltigkeitsverständnis lässt sich dann im Anschluss daran über *quantitativ* zu verstehende Verlangsamungsprozesse der jeweils systemspezifischen Energie- und Stoffwechselflüsse weiter ausdifferenzieren.

Für die Quantifizierung von Energie- und Stoffflüssen in bestimmten humanen Systemen und daran gekoppelter Transformationsprozesse im Sinne der Produktion (und Nachfrage) bestimmter kulturell-technischer Phänomene aus bestimmten „natürlichen Ressourcen" (Material, Energie, Fläche)[145] werden in der Literatur verschiedene Analysemethoden diskutiert. Als prominente Methoden gelten die (exergetische) Ökobilanzmethode, die kumulative Exergie-Analyse, die Materialfluss-Analyse, die Emergy-Analyse und der ökologische Fußabdruck.[146] Bei aller Verschiedenheit der methodischen Zugänge ähneln sie sich jedoch dahingehend, als dass die jeweiligen Berechnungen für ein vorgegebenes Zeitfenster (beispielsweise ein Jahr) und ein bestimmtes humanes System (regionale, nationale, internationale Perspektive) oder ein bestimmtes kulturell-technisches Phänomen das Angebot an „natürlichen Ressour-

144 Vgl. Roland Baader: Erfindung und Entbehrung. Begriffserklärung III: „Nachhaltigkeit, in: Schweizer Monatsheft, Nr. 12/01 (2007/2008), S. 12. Sandra Mitchell: Komplexitäten. Warum wir erst anfangen, die Welt zu verstehen, Frankfurt am Main 2008, S. 68ff.

145 Vgl. Stefan Giljum u.a.: Wissenschaftliche Untersuchung und Bewertung des Indikators „Ökologischer Fußabdruck", hrsg. vom Umweltbundesamt, Dessau-Roßlau 2007, S. 8–9, URL: https://www.umweltbundesamt.de/sites/default/files/medien/publikation/long/3486.pdf, Stand: 07.10.2022. Odum, Self-Organization and Maximum Empower, S. 317–319.

146 Vgl. Europäische Kommission: „Emergy"-Analyse misst Nachhaltigkeit eines Öko-Dorfs, o.O. 2022, URL: https://ec.europa.eu/environment/ecoap/about-eco-innovation/research-developments/italy/243_de, Abruf: 07.10.22.

cen" der jeweiligen anthropogenen Nachfrage mit Hilfe entsprechender Vergleichbarkeit herstellender Maßeinheiten zwischen der Angebots- und Nachfrageseite gegenüberstellen.[147]

Für die weitere Argumentation an dieser Stelle werden die genauen Ergebnisse dieser Analyseverfahren keine direkte Rolle spielen. Wer daran interessiert ist, sei auf die entsprechende Literatur hierzu verwiesen. Nachfolgend wird vielmehr genauer argumentativ ausgearbeitet, wie die These der Verlangsamung von Energie- und Stoffflüssen in bestimmten Systemen, die sich dann womöglich quantitativ über die soeben genannten Methoden erfassen ließe, im Sinne des hier verwendeten Begriffs der schwachen Nachhaltigkeit zu verstehen und zu begründen ist. In diesem Zusammenhang soll gezeigt werden, dass eine empirisch fassbare Verlangsamung in den Energie- und Stoffflüssen möglicherweise 1) bei Isolation und/oder 2) sozioökonomischer Konsolidierung des jeweils betrachteten sozialen Systems beobachtbar wird.

Zu 1: Isolation

Nicht nur für pflanzliche und tierische Populationen bestimmter Spezies, sondern auch für humane Populationen und vor dem Hintergrund von Selbstorganisationstheorien kann zunächst gezeigt werden, wie durch geographische und/oder (mehr oder weniger beabsichtigte/unbeabsichtigte) wirtschaftliche Isolation bestimmte kollektiv geteilte Kognitions-Emotions-Verhaltensmuster innerhalb einer betrachteten Population eine verhältnismäßige Verlangsamung in den Stoff- und Energieflüssen innerhalb dieser Populationen realisieren, die solange aufrechterhalten werden kann, wie diese nicht mit effizienteren Mustern (des Lebens und Wirtschaftens) „in Berührung kommen".[148] Besonders augenfällig ist das für in dieser Weise isoliert lebende sehr kleine menschliche Population. Aktuellen Schät-

147 Vgl. Giljum u.a., Wissenschaftliche Untersuchung und Bewertung des Indikators „Ökologischer Fußabdruck", S. 10.

148 Als prominentes Beispiel aus dem Tierreich gilt der große Kaninchennasenbeutler (*Macrotis lagotis*), der im isolierten Inselstaat Australien in etwa dieselbe ökologische Nische besetzt(e), wie hier zu Lande das Wildkaninchen (*Oryctolagus cuniculus*). Der Kaninchennasenbeutler weist eine sehr viel geringere Reproduktionsrate als das heimische Kaninchen auf und konnte sich dennoch in Jahrmillionen in Australiens Savannen und Buschland etablieren. Heute gilt der Kaninchennasenbeutler, bedingt

zungen zur Folge existieren ungefähr 100 kleinere oder größere Populationen isoliert lebender Menschen (mit jeweils etwa 20 bis 500 Personen), vor allem in dicht bewaldeten Gebieten Latein- und Mittelamerikas, Neuguineas, auf einigen wenigen asiatischen Inseln und in Teilen Grönlands, die in freiwilliger Isolation, (noch) nicht kontaktiert oder unentdeckt bestimmte Kognitions-Emotions-Verhaltensmustern und daran gekoppelte technisch-kulturelle Strukturen tradieren, die im direkten Vergleich mit vor allem westlichen, industriell geprägten Populationen durch deutlich quantifizierbar verlangsamte Energie- und Stoffflüsse pro Kopf gekennzeichnet sind.[149]

Daneben zeigt Diamond , wie vor allem isolierte Inselstaaten, als Beispiel dienen das Japan von 1603 bis 1867 oder die im Südwestpazifik situierte Insel Tikopia, zumindest für gewisse Zeit zu Formen des Wirtschaftens fanden bzw. finden, die mehr oder weniger ausschließlich auf den aktuell vorliegenden begrenzten, lokalen Ressourcen basieren und somit zu *verhältnismäßig*[150] verlangsamten Energie- und Stoffflüssen führten bzw. führen.[151] Als weitere aktuelle Beispiele könnten kleine pazifische Inselstaaten wie Vanuatu, Mikronesien, die Marshallinseln, Samoa oder Kiribati gelten.

Ähnliches lässt sich dann in nochmal verallgemeinerter Form womöglich für Populationen von Ländern zeigen, deren zentrales ökonomisches Verhalten sich, im Sinne von Subsistenzwirtschaften, vor allem in kleinräumiger Landwirtschaft ausdrückt und die kaum oder nur geringe Handelsbeziehungen zu anderen Staaten unterhalten (geringe [außen] Handelsquoten und daran gekoppelter Bruttoinlandsprodukte) im Vergleich zu Staaten, die vielfältige, ressourcenbasierte Handelsbeziehungen zu anderen Staaten pflegen. Beispiele für ersteres könnten Staaten wie

durch die Einführung des Wildkaninchens in Australien Mitte des 19. Jahrhundert und deren effektivere Vermehrungsweise, als vom Aussterben bedrohte Art.

149 Als weiteres Beispiel mögen auch die in Nord- oder Südamerika und Australien von den dortigen indigenen Populationen tradierten, hinsichtlich der Degradierung der jeweils zur Verfügung stehenden freien materiell-energetischen Ressourcen im Vergleich mit den europäischen Populationen zur gleichen Zeit weniger effizienten Wirtschaftsformen vor der Eroberung und Zerstörung durch die Europäer dienen.

150 Die totale, globale Degradation freier Energie nimmt natürlich weiter zu, aber die spezifische, lokale Degradation ist für diese jeweils betrachteten Systeme ist vergleichsweise gering.

151 Vgl. Diamond, Kollaps, S. 357–384.

Bhutan, Eritrea, Ruanda, die Zentralafrikanische Republik, Kenia, Samoa, Lesotho oder in Teilen der Kosovo oder Rumänien sein (die beiden zuletzt genannten Länder könnten möglicherweise als semi-subsistente Systeme bezeichnet werden).

Sozioökonomische Globalisierungsphänomene im weitesten Sinne führten und führen dann jedoch immer wieder dazu, dass vormals mehr oder weniger isolierte humane Systeme und hier dominante Kognitions-Emotions-Verhaltensmuster und daran gekoppelte technisch-kulturelle Strukturen doch in Kontakt kommen mit alternativen, möglicherweise effizienteren Strukturen der Degradation der jeweils zur Verfügung stehenden freien Energie. Doch auch unter diesen Bedingungen scheinen Verlangsamungsprozesse in den Stoff- und Energieflüssen in bestimmten humanen Systemen oder Subsystemen spezifischer humaner Systeme weiterhin beobachtbar. Dies mag dann möglicherweise durch die weiter oben bereits unter b) angedeuteten Formen der Verlangsamung in den Energie- und Stoffflüssen bei entsprechender sozioökonomischer Konsolidierung des jeweils betrachteten sozialen Systems verstehbar werden. Diese These wird hier nun im Folgenden, wenn auch aufgrund mangelnder Forschungsinitiativen in genau diesem Feld, nicht letztgültig so doch in ersten Ansätzen skizzenartig zu belegen sein.

Zu 2: Sozioökonomische Konsolidierung

In Anlehnung an die Verhaltensökonomie heutiger Zeit und mit Weidlich kann möglicherweise davon ausgegangen werden, dass die Verlustaversion (Kahneman) und somit die „Synchronisationsbereitschaft" (als interner Kontrollparameter) in den Kognitions-Emotions-Verhaltensmustern von Individuen eines bestimmten sozialen Systems dann zunimmt, wenn sich die sozioökonomische Situation der jeweiligen Individuen (als gewissermaßen externer Kontrollparameter) verschlechtert und umgekehrt eine solide sozioökonomische Situation für die Individuen des jeweiligen Systems zu verringerter „Synchronisationsbereitschaft" (Verlustaversion) führt.[152] Daran anknüpfend kann dann die These vertreten werden, dass

152 Vgl. Kahneman, Schnelles Denken, Langsames Denken, S. 347 ff. Weidlich, Sociodynamics, S. 163, 167, 174, 189–190. Weidlich, Synergetische Modelle für eine quantitative Sozialwissenschaft, S. 503–504. George Akerlof, Robert Shiller: Animal Spirits.

sich starke Synchronisationseffekte (Angleichung) im bereichsspezifischen ökonomischen Entscheidungsverhalten der Individuen eines sozialen Systems in beschleunigten Degradationsprozessen innerhalb des betrachteten ökonomischen (Systems/) Subsystems niederschlagen und umgekehrt geringere Synchronisationseffekte zu einer (verhältnismäßigen) Verlangsamung in den Degradationsprozessen (pro Kopf und/ oder Zeit) führen.[153]

Als diese These belegendes Beispiel mögen in diesem Zusammenhang die sogenannten Allmenden dienen. Als Allmenden werden Güter oder (natürliche) Ressourcen bezeichnet, welche sich dadurch kennzeichnen, dass a) niemand von ihrer Nutzung ausgeschlossen werden kann (Nichtausschließbarkeit) und b) ab einer gewissen Intensität der Nutzung Rivalität in der Nutzung der jeweiligen Ressource entsteht dahingehend, dass die Nutzung der Ressource durch einen Akteur die Nutzung durch einen anderen einschränkt. Als klassische Beispiele für Allmendegüter gelten Viehweiden, öffentliche Plätze und Räume, Wasserläufe, Fischgründe in den Ozeanen, Ozeane als Abfallgruben (beispielsweise für Plastikmüll, Wärmeüberschüsse oder Abwässer) oder als Quelle von weiteren Ressourcen (beispielsweise Bausand) oder die kollektive Nutzung der Atmosphäre als Senke für Luftschadstoffe[154] Der Biologe Garrett Hardin hat daran anknüpfend in seinem berühmten Aufsatz „The Tragedy of the Commons" (Die Tragik der Allmende, 1968) für verschiedene Allmendegüter, im Besonderen Viehweiden und Ozeane zeigen können, wie totale Überweidung oder Überfischung ein Ergebnis stark synchronisierter Kognitions-Emotions-Verhaltensmuster innerhalb des die jeweilige Allmende nutzenden sozialen Systems darstellen kann. „Übernutzungsprozesse" dieser Art lassen sich möglicherweise im Sinne des bereits weiter oben dargestellten „Principle of Maximum Energy Flux" als möglichst effiziente und *beschleunigte* Formen der Degradation der jeweils system-

Wie Wirtschaft wirklich funktioniert, Frankfurt 2009, S. 30, 90, 104. Albert Christmann: Anwendung der Synergetik und Chaostheorie in der Ökonomie, Karlsruhe 1990, S. 49–50.

153 Vgl. Gunter Dueck: Abschied vom Homo oeconomicus. Warum wir eine neue ökonomische Vernunft brauchen, Frankfurt am Main 2008, S. 13, 33, 36–37. Ploner, Peer Effects at Campus Cafeterias, S. 61–76. Haag u. a., The Schumpeter Clock, S. 187–226.

154 Vgl. Mathis, Nachhaltige Entwicklung und Generationengerechtigkeit, S. 400–401.

intern zur Verfügung stehenden freien materiell-energetischen Ressourcen verstehen.[155] Die Darstellung Diamonds zur flächenbezogenen teilweise nahezu vollständigen Abholzung und Überweidung der Osterinseln, Islands, großer Teile Schottlands, Haitis, Australiens oder großer Teile Chinas könnten dann als Belege für Hardins Ausführungen und das hier Gesagte gewertet werden.[156]

Dagegen kann die Politikwissenschaftlerin Elinor Ostrom am Beispiel von verschiedenen kollektiv genutzten Sommerweiden im Schweizer Alpenraum zeigen, wie bestimmte Dorfgemeinschaften als soziale Systeme eine relative Verlangsamung von Degradationsprozessen auf den jeweiligen Allmendeflächen im Sinne einer maßvollen, viele Jahrhunderte überdauernden Weidenutzung realisieren. Als entscheidenden Faktor für diese funktionierende Verlangsamung macht Ostrom die Begrenzung der Anzahl der auf den Gemeindeflächen grasenden Tiere durch eine „Eigenfütterungsregel" deutlich. Diese besagt, dass kein/keine Nutzer/in mehr Tiere im Sommer auf die gemeinschaftlich genutzten (Allmende-)Weiden stellen darf, als er/sie im Winter durch die auf Privateigentum erwirtschafteten Futtermittel ernähren kann. In diesem Verhalten drückt sich dann gewissermaßen die „gute" soziökonomische Konsolidierung der einzelnen Personen innerhalb des hier betrachteten sozialen (Allmende-) Systems aus. Diese verringert als gewissermaßen externer Kontrollparameter womöglich die interne „Synchronisationsbereitschaft" (interner Kontrollparameter) innerhalb dieses Systems, welche sich dann in der proportionalen Zuteilung der Weiderechte und den somit verhältnismäßig stär-

155 Garrett Hardin: Die Tragik der Allmende, in: Michael Lohmann (Hrsg.): Gefährdete Zukunft. Prognosen angloamerikanischer Wissenschaftler, München 1970, S. 29–46. Garrett Hardin: The Tragedy of the Commons, in: Science 162 (1968), S. 1243–1248. – Der Verhaltensökonom Robert Shiller spricht in diesem Zusammenhang und für ökonomisches Verhalten von Individuen in sozialen Systemen von Blasenbildungseffekten, die vor allem durch die soziale Ansteckungskraft des „Boomdenkens" hervorgerufen werden (vgl. Robert J. Shiller: Infectious Exuberance. Financial Bubbles Are Like Epidemics – And We Should Treat Them Both the Same Way, in: The Atlantic (2008), URL: https://www.theatlantic.com/magazine/archive/2008/07/infectious-exuberance/306839/, Stand: 11.10.22. Robert Shiller: The Subprime Solution. How Today´s Global Financial Crisis Happend, and What to Do about It, New Jersey 2008, S. 41).

156 Vgl. Diamond, Kollaps, S. 103ff., 225ff., 443ff., 468ff.

ker divergierenden Kognitions-Emotions-Verhaltensmustern der Akteure ausdrückt. Dies führt für das jeweils betrachtete soziale (Allmende-) System zu geringeren Milcherträgen im Vergleich zu privatwirtschaftlich geführten Almweiden oder Milchviehbetrieben und somit zu einer relativen Verlangsamung in den spezifischen Degradationsprozessen.[157]

„Funktionierende" Allmenden, extensivere Formen der Landwirtschaft („Bio"-Siegel, Blühstreifen, Verzicht auf Pestizide/Herbizide trotz Ernteverlusten, alternative Haltungsformen zur industriellen Tierhaltung etc.), aus der direkten intensiven menschlichen Nutzung genommene Naturschutzgebiete und Nationalparks, „alternative" Formen der Energiebereitstellung (, Open-Source-Software-Peer-Productions [Wikipedia, GNU/ Linux oder SETI@Home]) und eine daran gekoppelte Verlangsamung von Degradationsprozessen in bestimmten sozialen (Sub-)Systemen könnten an sozioökonomisch konsolidierte Verhältnisse gebunden zu sein, die den Konformitätsdruck („Synchronisationsbereitschaft/-zwang") für den Einzelnen und/oder ganze Gruppen innerhalb des jeweils betrachteten sozialen Systems und in den jeweiligen sozioökonomischen Wettbewerbsprozessen sinken lassen.[158] Wo das nicht der Fall ist, scheinen sich Degradationsprozesse, in Form von (sub-)systemspezifischen ökonomischen Intensivierungsbemühungen und Blasenbildungseffekten, zu beschleunigen. Man denke an die unter starkem sozioökonomischem Druck stehende europäische oder chinesische Landwirtschaft und die entsprechenden bedrohlichen Folgen für die jeweils heimische Flora, Fauna und Gewässer, den kontinuierlichen Rückgang der tropischen bzw. subtropischen Primärwälder auf den südamerikanischen, ostasiatischen, afrikanischen oder australischen Kontinenten, für die günstige Gewinnung und Produktion von Holz, Palmöl, Naturkautschuk, Soja oder tierischem Eiweiß[159], die zunehmende Überfischung, Verschmutzung und Ressourcen-basierte Ausbeutung der Ozeane durch international konkurrieren-

157 Elinor Ostrom: Die Verfassung der Allmende. Jenseits von Staat und Markt, übersetzt von Ekkehard Schöller, Tübingen 1999, S. 81, 83.

158 Vgl. Yochai Benkler: The Wealth of Networks: How Social Production Transforms Markets and Freedom, New Haven, London 2006, S. 64, 70, 95–96, 102, 107. Dueck, Abschied vom Homo oeconomicus, S. 33, 154–155.

159 Vgl. Pablo Pacheco u. a.: Deforestation Fronts: Drivers and Responses in a Changing World, Gland 2021, URL: https://wwfint.awsassets.panda.org/downloads/deforesta-

de Fischereiflotten[160], den global zu beobachtenden Bauboom und die damit einhergehende zunehmende Flächenversiegelung[161] oder den weiter zunehmenden Anstieg von Kohlenstoffdioxid in der Atmosphäre[162], ausgehend von vor allem auch sozioökonomisch weniger konsolidierten Nationen oder Standorten, in welche grundlegende subsystemspezifische Produktionsprozesse ausgelagert werden, um auf globalen agierenden Märkten jeweils „konkurrenzfähig" zu bleiben.

Hier zeigt sich auch, dass die vermeintlich sozioökonomisch konsolidierten, „wohlhabenden" Industrienationen, wie beispielsweise Deutschland oder die Vereinigten Staaten von Amerika, wesentliche Anteile stellen, wenn es um die Quantifizierung von Degradationsprozessen auf diesem Planeten geht. Dahingehend, dass sich bestimmte interne Verlangsamungen in den Degradationsprozessen bestimmter betrachteter sozioökonomisch konsolidierter sozialer Systeme, die sich beispielsweise in Naturschutz- oder Renaturierungsprojekten zeigen, nicht selten möglich werden, weil die jeweilige hierfür nötige sozioökonomische Konsolidierung (als externer Kontrollparameter), die zu einer internen „Entspannung" hinsichtlich des Konformitätsdrucks („Synchronisationsbereitschaft") führt, möglicherweise „erkauft" wird, durch die Verlagerung von (beschleunigten) Degradationsprozessen in andere (Sub-)Systeme. In diesem Sinne koppelt sich dieser Gedanke rück an das weiter oben unter a) bereits unterm dem Begriff der Verschiebung (oder Substitution) von Degradationsprozessen Gesagte. Dies scheint vor dem Hintergrund der die Effizienz von Degradationsprozessen ins Zentrum stellenden Prinzipien von Selbstorganisationstheorien, den daraus hervorgehenden jeweils spezifischen Strukturen eines Systems und der Annahme, dass dies

tion_fronts___drivers_and_responses_in_a_changing_world___full_report_1.pdf, Stand: 11.10.2022.

160 Vgl. U. Rashid Sumaila u. a.: WTO Must Ban Harmful Fisheries Subsidies, hrsg. von Jennifer Sills, in: Science 374 (2021), S. 544, URL: https://www.science.org/doi/pdf/10.1126/science.abm1680, Stand: 11.10.2022.

161 Vgl. Umweltbundesamt (o. A.): Bodenversiegelung, o.O. 2022, URL: https://www.umweltbundesamt.de/daten/flaeche-boden-land-oekosysteme/boden/bodenversiegelung#was-ist-bodenversiegelung, Stand: 11.10.2022.

162 Vgl. Pierre Friedlingstein u. a.: Global Carbon Budget 2021, in: Earth System Science Data 14 (2022), S. 1917–2005, URL: https://essd.copernicus.org/articles/14/1917/2022/essd-14-1917-2022.pdf, Stand: 11.10.2022.

auch für das Natur-Kultur-Wesen Mensch in bestimmten systemischen Zusammenhängen Gültigkeit erfährt, folgerichtig.

Somit ließe sich abschließend und mit aller gebotenen Vorsicht festhalten, dass Nachhaltigkeit in einem schwachen Sinne, jetzt hier vor allem verstanden als Verlangsamungs-/Beschleunigung von materiell-energetisch basierten Degradationsprozessen in (humanen) Systemen, womöglich weit weniger als eine bewusste Entscheidung jedes Einzelnen zu verstehen ist, sondern vielmehr abhängig zu sein scheint von dem jeweiligen sozioökonomischen *Kontext* in dem sich der Einzelne als Teil des jeweils betrachteten humanen Systems befindet (externer Kontrollparameter), welcher dann den internen Kontrollparameter der (interindividuellen) Synchronisation gewissermaßen vermittelt „rauf oder runter regelt" und so zu Verlangsamungs- oder Beschleunigungstendenzen im Hinblick auf Degradationsprozesse im jeweiligen humanen System beiträgt, die sich über die entsprechenden mehr oder weniger kollektiv geteilten Kognitions-Emotions-Verhaltensmuster realisieren. Claus Leggewie und Harald Welzer erfassen dieses kontextabhängige, flexible Verhalten, was dann eben auch ein immer nur *mehr oder weniger* nachhaltiges Verhalten umschließt, wie folgt:

> „Die Vorstellung allerdings, dass die Motive für Handlungen ihre Ursache in der Persönlichkeitsstruktur von Menschen haben und dass Einstellungen handlungsleitend sind, ist nicht sehr realistisch: Denn um den unterschiedlichsten sozialen Situationen, wechselnden Anforderungen und vielen Rollenerwartungen entsprechen zu können, muss man sich flexibel zwischen seinem Selbstbild und seinen situationsspezifischen Entscheidungen und Handlungen hin- und herbewegen (sic) können. [...] Gründe und Ursachen für Handlungen, die in der Sozialisation bzw. der Biographie einer Person zu lokalisieren sind, sind gegenüber situativ wahrgenommenen Anforderungen und eingeschlagenen Lösungswegen in der Regel nachrangig, und die Idee, Menschen müssten ganz unabhängig von situativen Bedingungen immer derselben Moral und Strategie folgen, erweist sich angesichts der multiplen Anforderungen, die Menschen in modernen Gesellschaften zu erfüllen haben, als dysfunktional [...]. [Vielmehr zeigen

> sich darin, Ergänzung d. Verf.] Anpassungen von Menschen an sich verändernde Umweltbedingungen. Und sie zeigen zugleich, dass solche Anpassungen durchaus nicht konstruktiv ausfallen müssen, [...]. [...] Die Bewohnerinnen von Flüchtlingslagern in Darfur haben in zehn Kilometern Umkreis um die Lager jeden Strauch und jeden Baum abgeholzt, weil sie Material zum Kochen und zum Ziegelbrennen brauchen; [...] In der Schweiz werfen umweltbewusste Betreiber von Skipisten ihre Schneekanonen an, wenn der Winter zu warm ist, um den Touristen Schneesicherheit zu garantieren. [...] Ostseefischer fangen mehr Kabeljau als sie dürfen, obwohl das ihre Zukunft zerstört, aber es sichert ihren Betrieb wenigstens über die nächsten Monate."[163]

Dueck spricht in diesem Zusammenhang treffend und etwas provokant von „Phasic Instinct".[164] Womöglich kann eine auf Selbstorganisationstheorien Bezug nehmend Betrachtung, so wie sie hier angedeutet wurde, zu einem tiefergehenden Verständnis dieses empirisch wahrnehmbaren, mal mehr und mal weniger nachhaltigen Verhaltens von Menschen in verschiedenen Kontexten beitragen und auf diesem Weg auch den weiter oben bereits angedeuteten Sein-Sollen-Zusammenhang (normativ-ethisch fundierter) Verhaltensmuster in sozialen Systemen weiter ausdifferenzieren. Als erste Hinweise oder Belege für die hier vertretene These der kontextabhängigen Verlangsamung/Beschleunigung von Degradationsprozessen, gefasst unter dem Begriff der schwachen Nachhaltigkeit, könnten die in Teilen bereits auf empirisches Datenmaterial zurückgreifenden Darstellungen von Ostrom, Diamond, Hardin, Shiller und Leggewies/Welzer (/Benkler) gewertet werden. Für eine tatsächliche Bestätigung dieser These bedürfte es aber sicherlich noch weiterer Analysen und konkreter unter dieser Fragestellung durchgeführter empirischer Untersuchungen. Vielleicht kann das hier Ausgeführte als Impuls in diese Richtung dienen.

---

163 Leggewie, Welzer, Das Ende der Welt, wie wir sie kannten, S. 74–75, 79–80. – Siehe hierzu auch: Ervin Goffman: Rollendistanz, in: Heinz Steinert (Hrsg.): Symbolische Interaktion. Arbeiten zu einer reflexiven Soziologie, Stuttgart 1973, S. 264–265.

164 Vgl. Dueck, Abschied vom Homo oeconomicus, S. 138ff., 240ff.

6. Zum Erfolg des Begriffs der Nachhaltigkeit

„Wenn ich ein Wort gebrauche", sagte Goggelmoggel in recht hochmütigem Ton, „dann heißt es genau, was ich für richtig halte – nicht mehr und nicht weniger."

„Es fragt sich nur", sagte Alice, „ob man Wörter einfach etwas anderes heißen lassen kann."

„Es fragt sich nur", sagte Goggelmoggel, „wer der Stärkere ist, weiter nichts."[165]

Was Lewis Carroll in dieser Passage aus „Alice hinter den Spiegeln" ganz allgemein für die Begriffsdynamik formuliert, ließe sich womöglich auch für das Phänomen Nachhaltigkeit feststellen – dahingehend, dass auch Nachhaltigkeit als Begriff und daran gekoppelt als normatives Aussagensystem oder Konzept in seiner Bedeutung plural ist. Mit Rekurs auf Selbstorganisationstheorien kann womöglich gezeigt werden, dass der Bedeutungsrahmen des Konzepts (und gleichzeitig des Begriffs) Nachhaltigkeit plural und/oder wandlungsfähig ist und abhängig von dem jeweiligen humanen System und dem jeweiligen Kontext in dem sich dieses System befindet und in diesem Sinne, wie Grober es formuliert, ein (flexibles) Eigen- oder Doppelleben führt.[166]

---

165 Lewis Carroll: Alice hinter den Spiegeln, übersetzt von Christian Enzensberger, Frankfurt am Main 1963, S. 88.

166 Vgl. Ulrich Grober: Die Erde zuerst. Über den Begriff „Nachhaltigkeit" – und wie damit Unsinn getrieben wird, in: Greenpeace Magazin 3 (2010), S. 67.

Unter der „Bedeutung" eines „begrifflichen Konzepts" kann zunächst das verstanden werden, was über etwas ausgesagt wird. Innerhalb eines bestimmten aus verschiedenen Grundannahmen bestehenden Konzepts, existieren bestimmte theoretische Begriffe (natürliche Ressourcen, Erhaltung, Gerechtigkeit et cetera). Diese fungieren im Sinne der „Semantik" als „Prädikate", als Eigenschaftsbegriffe, die eine bestimmte Klasse, eine Menge von Individuen bezeichnen, die die vom „Prädikat" repräsentierte Eigenschaft tatsächlich besitzen. Die Menge dieser Bezugsobjekte bezeichnet man als „Referenzklasse". Die „Bedeutung" eines Konzepts wird dann zum einen durch diese „Referenz" der verwendeten Prädikate und zum anderen durch den „Sinn" realisiert. Der „Sinn" ergibt sich aus den aus den Begriffen gebildeten Aussagen und all den logischen Konsequenzen, die sich letztlich aus dieser Aussage ergeben. Der „Sinn" und die „Referenz" zusammen ergeben dann die „Bedeutung" eines „Konstrukts" (= eines begrifflichen Objekts). In diesem Sinne hat ein Konzept „faktische Bedeutung" oder „Gehalt", wenn es sich auf reale Objekte bezieht und diese sowie die in ihnen ablaufenden Prozesse beschreibt.[167]

Für das Konzept und den Begriff der Nachhaltigkeit kann dann mit Charles S. Peirce angenommen werden, dass die jeweiligen Zuschreibungen, die jeweiligen Referenzklassen, die möglicherweise (ursprünglich) in bestimmten „(scientific) communities" oder von Einzelnen unter bestimmten Bedingungen vorgenommen wurden, und die im oberen Teil unter anderem unter den begrifflichen Differenzierungen der starken und schwachen Nachhaltigkeit dargestellt wurden, für die Verwendung des selben Konzepts (/Begriffs) in anderen humanen Systemen und Kontexten nicht bindend sind, sondern dieses hier neue, andere Bedeutungen (als Kombination der Referenzklasse und des Sinns) erfährt.[168] Versteht man weiter und im Anschluss an das im letzten Teilabschnitt Gesagte begriffliche Konzepte und daraus gebildeten Aussagensysteme in einem weiten Sinne als ein bestimmtes von Einzelnen oder in einem bestimmten huma-

167 Vgl. Martin Mahner, Mario Bunge: Philosophische Grundlagen der Biologie, Berlin, Heidelberg 2000, S. 51–54, 85ff., 91, 95–96. – Dieser Abschnitt wurde in ähnlicher Form bereits veröffentlicht in: Schulte-Tickmann: Einheit und Vielfalt des Wissens, S. 103–104.

168 Vgl. Charles Sanders Peirce: Elements of Logic, hrsg. von Charles Hartshorne, Paul Weiss in: Collected Papers of Charles Sanders Peirce, Cambridge 1960, S. 169.

nen System geteiltes, temporäres mehr oder weniger *„lebensdienliches Wissen“* innerhalb eines bestimmten Kontextes, kann die immer wieder von bestimmten Kritikern aus bestimmten Perspektiven vorgebrachte vermeintlich wahrnehmbare „Diskrepanz“ zwischen dem von *ihnen* begrifflich gefassten (in diesem Fall normativem) Wissen und der empirisch objektseitigen tatsächlichen Dynamik (/Handlungen) in bestimmten humanen Systemen möglicherweise mit Hilfe zentraler Prinzipien von Selbstorganisationstheorien besser verstehbar werden. Diesem Gedanken soll hier nun abschließend nachgespürt werden.[169]

So könnte man die Produktion von bestimmtem „lebensdienlichem“ Wissen und daran gekoppelter prominenter Begriffe, wie dem Nachhaltigkeitsbegriff, in Anlehnung an Ferdinand de Saussure, verstehen als das stets temporäre, wandlungsfähige Ergebnis eines sozial-kognitiv-emotiven Selbstorganisationsprozesses innerhalb eines bestimmten, mehr oder weniger stark abgrenzbaren humanen Systems unter bestimmten Randbedingungen.[170] Als „lebensdienlich“ erweisen sich in diesem Kontext womöglich *die* Wissens- und Begriffsstrukturen, die in Abhängigkeit von den jeweils zur Verfügung stehenden Informationen/Daten (als

169 An dieser Stelle wird also in Anlehnung an Helmut F. Spinner einem weiten Wissensverständnisses gefolgt, welches unter “Wissen“ die symbolisch-begriffliche Wiedergabe von bestimmten angenommenen Sachverhalten versteht, seien sie nun faktisch, fiktiv oder sogar kontrafaktisch und deren Vorliegen mit Recht oder zu Unrecht angenommen wird und welche zutreffend oder unzutreffend beschrieben werden (vgl. Helmut F. Spinner: Das modulare Wissenskonzept des Karlsruher Ansatzes der integrierten Wissensforschung – Zur Grundlegung der allgemeinen Wissenstheorie für „Wissen aller Arten, in jeder Menge und Güte“, in: Karsten Weber u. a. [Hrsg.]: Wissensarten, Wissensordnungen, Wissensregime. Beiträge zum Karlsruher Ansatz der integrierten Wissensforschung, Opladen 2002, S. 29). Aufbauend auf diesem grundlegenden womöglich noch die verschiedensten Wissensarten umschließenden Verständnis, welches vor allem auch das Alltagswissen beinhalten kann, lässt sich „wissenschaftlicheres Wissen als Ergebnis eines auf die ein oder andere Weise *systematischeren* (Erkenntnis-)Prozesses verstehen/deuten, der auf bestimmte empirisch wahrnehmbare Objekte mehr oder weniger stark Bezug nimmt und welches sich dann in Form eines ebenfalls mehr oder weniger exakt ausformulierten und formalisierten Begriffs- und Aussagensystems ausdrückt (vgl.: Bernulf Kanitscheider: Wissenschaftstheorie der Naturwissenschaft, Berlin 1981, S. 19–20, 23).

170 Vgl. Ferdinand de Saussure: Cours de linguistique générale. Zweisprachige Ausgabe französisch-deutsch mit Einleitung, Anmerkungen und Kommentar, hrsg. von Peter Wunderli, Tübingen 2013, S. 183, 189, 205, 247, 385, 399.

wesentlicher Teil der Randbedingungen) die Realisation des effizientesten Wegs der Degradation der freien Energie unter den gegebenen Randbedingungen ermöglichen – es also möglich machen, die zur Verfügung stehenden Ressourcen am effizientesten zu nutzen. Wesentlich für die tatsächliche Etablierung ganz *bestimmter* Wissens- und Begriffsstrukturen aus einem ganzen „Strauß" zunächst vorhandener möglicher vager, instabiler Wissens- und Begriffsstrukturen (Instabilitätsprinzip), die innerhalb eines bestimmten humanen Systems diskutiert werden, scheint dann die „Synchronisationsbereitschaft" zu sein (Synchronisationsprinzips), die dann die kollektive Präsenz ganz bestimmter, unter den jeweiligen Randbedingungen effizienter Kognitions(-Emotions-Verhaltens)-Muster und daran gekoppelter Wissens- und Begriffsstrukturen der jeweiligen Individuen eines betrachteten humanen Systems realisiert. Hinweise darauf, dass man die Etablierung von Wissens- und Begriffsstrukturen in dieser Weise als selbstorganisierten Prozess deuten kann, geben bestimmte sozialpsychologische Studien Günter Schiepeks, die exemplarisch zeigen, wie sich Prinzipien von Selbstorganisationstheorien bei der Produktion von spezifischen Wissens- und Begriffsstrukturen, beispielsweise bei der Entwicklung eines Brettspiels bis hin zur Produktionsreife, nachweisen lassen.[171]

Die sich möglicherweise auf diesem Wege etablierenden Wissens- und Begriffsbestände oder -strukturen müssen hierbei auf der Ebene der Zuschreibung (Referenz/Bedeutung) in keinem Fall zwangsläufig „anstreben", die „externe" empirisch wahrnehmbare Objektebene, auf die sie sich mehr oder weniger stark beziehen mögen, exakt oder stets identisch zu repräsentieren, sondern können, aufgrund der sich stets systemspezifisch verschieden auswirkenden Instabilitäten und durch emotive, unbewusste Elemente gesteuerte Synchronisation unter bestimmten stets spezifischen Randbedingungen, davon unabhängige und ganz verschiedene Entwicklungslinien einschlagen, die unter den jeweiligen Randbedingungen als effektiv (/„lebensdienlich") erscheinen mögen.[172] Dies mag

171 Vgl. Haken, Schiepek, Synergetik in der Psychologie, S. 542ff.

172 Als möglicher Hinweis für eine solche auf Selbstorganisationstheorien beruhenden Deutung der dynamischen Entwicklung von Wissens- und Begriffsbeständen könnten die Ergebnisse einer Studie von John P. A. Ioannidis „Why most published research findings are false" gewertet werden. Ioannidis folgend lässt sich die wissenschaftliche Theorie- oder Modellbildung als ein Meinungsbildungsprozess innerhalb

dann in ersten Ansätzen auch erklären, wieso innerhalb eines bestimmten humanen Systems unter bestimmten Randbedingungen bestimmte begriffliche Konzepte zeitweise dominieren, die „von außen" oder aus einer anderen Perspektive (oder zu einem späteren Zeitpunkt) betrachtet die empirisch wahrnehmbaren Objektsysteme, auf die sich die jeweiligen Konzepte und deren zentrale Begriffe mehr oder weniger stark beziehen mögen, vermeintlich nur unzureichend, ungenau, nicht „adäquat" wiederzugeben scheinen oder sogar wie „entkoppelt" von diesen wirken.[173]

Was könnte all das nun für den Nachhaltigkeitsbegriff und daran gekoppelte Konzepte bedeuten? Die womöglich aus Selbstorganisationsprozessen hervorgehenden Bedeutungen hinter dem Begriff der Nachhaltigkeit sind eben plural. Unabhängig davon, welche Bedeutung dem Begriff der Nachhaltigkeit und seinen Spielarten (starke und schwache N.) von einzelnen oder bestimmten „(scientific) communities" unter bestimmten systematisch-methodologischen und informationstheoretischen Hintergründen (Randbedingungen) zugeschrieben wird, erfährt dieser in anderen systemischen Konstellationen immer wieder neue Bedeutungszuschreibungen, die unter den hier gegebenen Randbedingungen effektiv zu sein scheinen, mit Blick auf spezifische Degradationsprozesse, und auf diesem Weg diese anderen Bedeutungen hinter dem Begriff über entsprechende Synchronisationseffekte prominent werden lassen. Man

einer in einigen Fragen global zu verstehenden „scientific community" begreifen, der womöglich auf bestimmten impliziten, unbewussten Übereinkünften (Synchronisation) basiert und somit grundsätzlichen „Verzerrungstendenzen" im oben dargestellten Sinne (Biases) ausgesetzt ist. Stehen Wissenschaftler unter starkem Publikationsdruck möglichst „valider, statistisch signifikanter Studien" zu bestimmten global aufgeworfenen Forschungsfragen, kann es durch die Orientierung an der Zahl gewichtiger Zitationen vermeintlich „erfolgreicher, signifikanter" Fallstudien und mehr oder weniger unbewussten Fehldeutungen von Forschungsergebnissen zu starken Konformitätswerten kommen, die die jeweiligen Arbeiten eines bestimmten Forschungsbereichs in eine bestimmte, dominierende, aber möglicherweise als „von außen" nicht „adäquat" wirkende „Wissenschaftsmode" drücken, die dann zumindest für eine gewisse Zeit innerhalb der „scientific community" reproduziert wird (vgl. John P. A. Ioannidis: Why Most Published Research Findings Are False. PloS Medicine 2 [2005], S. 696–701, URL: https://journals.plos.org/plosmedicine/article/file?id=10.1371/journal.pmed.0020124&type=printable, Stand: 11.10.2022).

173 Diese Abschnitte wurden in ähnlicher Form bereits veröffentlicht in: Schulte-Tickmann: Einheit und Vielfalt des Wissens, S. 186–192.

denke beispielsweise an die Bedeutung des Begriffs Nachhaltigkeit in teilweise globalen, sozioökonomischen Systemen, wie der Automobilbranche, dem digitalen Informations- und Kommunikationstechnologischen Sektor oder der Erdöl-, Palmöl-, Holz- oder Agrarindustrie, die ihre jeweiligen Produkte erfolgreich und mit stetig steigenden Wachstumsraten vor allem auch unter dem Etikett „nachhaltig" auf den weltweiten Märkten an die Konsumenten/-innen verkaufen oder an seine Prominenz in den politischen Systemen weltweit.[174] Hier hat der Begriff der Nachhaltigkeit wenig mit, womöglich auch empirisch wahrnehmbarer, Arretierung (starke Nachhaltigkeit) oder Verlangsamung (schwache Nachhaltigkeit) von Degradationsprozessen bestimmter „natürlicher Ressourcen" innerhalb der jeweiligen Systeme zu tun, so wie es weiter oben begrifflich gefasst wurde. Vielmehr verbergen sich hinter dem „nachhaltigen Etikett" nicht selten intensive Degradations- und/oder Verschiebungsprozesse (schwache Nachhaltigkeit), die von Verfechtern eines starken Nachhaltigkeitsbegriffs durchaus als „problematisch" bezeichnet werden könnten. Der Begriff scheint hier in sehr weiter, weniger differenzierter Form mit allem möglichen sozial, politisch oder wirtschaftlich Wünschbarem, dem endlich „Guten", „Positiven", „Besseren", „Sauberen", „Integeren" vielleicht sogar „Paradiesischen" (für alle Menschen) assoziiert zu sein[175] und wird unter diesem weiten Bedeutungsrahmen von den Mitgliedern der jeweiligen sozioökonomischen oder politischen Systeme über die entsprechenden Kognitions-Emotions-Handlungsmuster kollektiv realisiert. Offenbar ist der Begriff in dieser kollektiv geteilten (Bedeutungs-)Form unter den jeweiligen Randbedingungen effektiv, wenn es um spezifische Degradationsprozesse in den jeweiligen humanen Systemen geht.[176]

174 Vgl. Kathrin Hartmann: Die grüne Lüge. Weltrettung als profitables Geschäftsmodell, München 2018, S. 29ff.

175 Lisa Grabe: Das „Projekt Nachhaltigkeit". Zu den Grenzen des Nachhaltigkeitskonzepts aus kultureller Perspektive, hrsg. von Sacha Kagan, Davide Brocchi, o. Ort 2010, S. 37, URL: http://magazin.cultura21.de/_data/magazin-cultura21-de_addwp/2010/12/MA-Lisa-Grabe-c21-ebooks.pdf, Stand: 11.10.2022. Jürgen H. Franz: Nachhaltigkeit, Menschlichkeit, Scheinheiligkeit. Philosophische Reflexionen über nachhaltige Entwicklung, München 2014, S. 44–45. Hirsch Hadorn, Brun, Ethische Probleme nachhaltiger Entwicklung, S. 240.

176 Man könnte sich hier an das erinnert fühlen, was Wolfgang Schmidbauer bereits 1984 vermutete, nämlich „[…] daß [sic] ‚heile Umwelt' zu einem wichtigen Artikel der

Diese durch unbewusst emotive Synchronisationseffekte beschreibbare Selbstverstärkung bestimmter begrifflich-konzeptueller Muster innerhalb einer bestimmten Gruppe unter bestimmten Randbedingungen mag dann auch verständlich machen, warum es den einzelnen Teilnehmern *innerhalb* des jeweiligen Systems im Sinne der jeweils eigenen voreingenommenen „Theoriebeladenheit"[177] kaum bewusst wird, dass ihr „nachhaltiges Reden und Verhalten" möglicherweise aus einer anderen Perspektive oder von „außen" betrachtet gar nicht als solches eingestuft werden kann. Mit Benjamin Lee Whorf könnte man festhalten, dass „[...] the forms of a person's thoughts are controlled by inexorable laws of pattern of which he is unconscious."[178] Vielleicht lassen sich die von Whorf angedeuteten „Gesetze" als die Gesetze oder Prinzipien der Selbstorganisationstheorien deuten, die, wie Hardin es ausdrückt, in gewisser hier dargestellter Weise und unter gewissen Umständen für den Einzelnen in einem bestimmten humanen System „[...] die Kräfte psychologischen Ableugnens [begünstigen, Ergänzung d. Verf.]"[179] zu Gunsten der jeweils eigenen individuell-kollektiven „Wahrheit".

Daran anschließend wird dann mit Rekurs auf zentrale Prinzipien von Selbstorganisationstheorien womöglich auch verständlich, wieso ein, über starke Synchronisationseffekte innerhalb eines bestimmten humanen Systems etablierter Nachhaltigkeitsbegriff, der einem, wie oben beschrieben, weiten Bedeutungsrahmen entspricht, es kaum „zulässt", dass innerhalb dieses humanen Systems andere, möglicherweise auf der Bedeutungsebene spezifischere Begriffe von Nachhaltigkeit diskutiert werden „dürfen" oder im jeweiligen öffentlichen Raum prominent werden.[180] Das Ergebnis ist dann ein gesellschaftlicher Zustand, in welchem

Konsumwerbung werden würde, oder das Homo consumens vor allem jene Scheinlösungen weiterentwickeln wird, die ihm versprechen, den Konsum zu steigern und gleichzeitig die Umweltverschmutzung zu vermindern." (Wolfgang Schmidbauer: Weniger ist manchmal mehr. Zur Psychologie des Konsumverzichts, Hamburg 1984, S. 16.)

177 Vgl. Wolfgang Stegmüller: Hauptströmungen der Gegenwartsphilosophie. Eine kritische Einführung, Band III, Stuttgart 1987, S. 299.

178 Benjamin Lee Whorf: Language, Thought and Reality. Selected Writings of Benjamin Lee Whorf, hrsg. von John B. Carroll, Cambridge 1964, S. 252.

179 Hardin, Die Tragik der Allmende, S. 35.

180 Obwohl der Begriff, wie gezeigt wurde, unterschiedlichste teilweise gegensätzliche Bedeutungsebenen tragen kann.

man eigentlich kaum gegen Nachhaltigkeit sein kann oder darf, weil die „gefühlten" gesellschaftlichen Sanktionen gegen diese weite Idee des „Positiven", „Guten" (für alle!) dies verhindern.[181]

Als Kern dieses selbstorganisierten begrifflichen Synchronisationseffekts in bestimmten humanen Systemen mag sich somit eine mehr oder weniger stark erlebte sozioökonomische Deprivation bzw. (Verlust-)Angst herausschälen (Kahneman). Die Soziologin Elisabeth Noelle-Neumann fasst dieses Phänomen unter dem Begriff der Schweigespirale:

> „Die Theorie der Schweigespirale geht davon aus, daß [sic] die Gesellschaft – nicht nur Gruppen, die sich kennen – vom Konsensus abweichende Individuen mit Isolation, mit Ausstoßen bedroht und daß [sic] andererseits die Individuen eine meist unbewußte [sic], wahrscheinlich genetisch verankerte Isolationsfurcht haben. Diese Isolationsfurcht veranlaßt [sic] sie, sich ständig zu vergewissern, was an Meinungen und Verhaltensweisen in der Umwelt gebilligt und was mißbilligt [sic] wird, und welche Meinungen und Verhaltensweisen zunehmen und welche abnehmen. Die Theorie spricht von einem quasi-statistischen Sinn, mit dem die Menschen diese Abschätzung vornehmen. Das Ergebnis dieser Einschätzung beeinflußt [sic] ihr Reden und Verhalten. Wenn sie glauben, in Übereinstimmung mit dem Konsensus der öffentlichen Meinung zu stehen, beteiligen sie sich selbstsicher am Gespräch, privat und in der Öffentlichkeit, und zeigen ihre Überzeugung zum Beispiel mit Abzeichen und Autostickern, aber auch mit Kleidung und anderen öffentlich sichtbaren Symbolen. Wenn sie glauben, in der Minderheit zu sein, werden sie vorsichtig und schweigsam und verstärken damit in der Öffentlichkeit noch weiter den Eindruck von der Schwäche dieses Lagers, bis dieses Lager ganz untergegangen ist bis auf einen kleinen harten Kern, der an den vergangenen Werten festhält, oder bis zur Verhängung eines Tabus. [...] Diese Umwandlung einer Summe individueller Meinungen in öffentliche Meinung geschieht nach dem gegenwärtigen Stand der Erkenntnis in der Interaktion, die sich unablässig zwischen den Menschen mit ihrer sozialen Natur zuträgt. Isolationsdrohungen, Isolationsfurcht,

181 Vgl. Hirsch Hadorn, Brun, Ethische Probleme nachhaltiger Entwicklung, S. 240.

fortgesetzte Beobachtung des Meinungsklimas und Abschätzung der Stärkeverhältnisse entscheiden über Reden und Schweigen."[182]

„Öffentliche Meinung" wird von Noelle Neumann also als fortwährender, sich selbst verstärkender Prozess der Synchronisation großer Teile der Einzelmeinungen der Individuen eines bestimmten humanen Systems unter einer, die öffentliche Diskussion bestimmenden Mode im Sinne einer mehr oder weniger unbewussten, sozialen Kontrolle verstanden, deren wichtigste Grundlage die Isolationsfurcht des Einzelnen ist.[183] Man denke für die neuere Zeit beispielsweise auch an die Angst vor dem teilweise lawinenartigen Auftreten negativer Kritik im Rahmen von sozialen Netzwerken, Blogs oder Kommentarfunktionen von Internetseiten bei Verstößen gegen bestimmte, für diese humanen Systeme gültige, kollektiv etablierte und geteilte normative Begriffe und daran gekoppelter Konzepte. Mit Rekurs auf Selbstorganisationstheorien könnte dann klar werden, wieso sich über unterschiedliche Nachhaltigkeitsbegriffe und -konzepte offenbar kaum streiten lässt oder lassen soll.[184]

Zumindest für den deutschsprachigen (öffentlichen) Raum (als humanes System) kann abschließend festgehalten werden, das dokumentieren nicht zuletzt diese und andere aktuelle, sich kritisch distanziert mit dem Konzept der Nachhaltigkeit auseinandersetzende Schriften[185], dass diese (begrifflichen) Synchronisationsprozesse höchst selten vollständig sind

182 Elisabeth Noelle-Neumann: Die Schweigespirale. Öffentliche Meinung – Unsere soziale Haut, München 2001, S. 298, 321.

183 Vgl. ebd. S. 325.

184 Vor dem Hintergrund der hier zur Diskussion stehenden Dominanz eines weiten Bedeutungsrahmens hinter dem Begriff der Nachhaltigkeit ließe sich dann möglicherweise auch der Werbeslogan einer prominenten, deutschen Baumarktkette aus dem Jahr 2021 im Sinne der Darstellung Noelle-Neumanns deuten, der vielleicht in der hier dargestellten Weise die in diesem humanen System vorherrschende öffentliche Meinung bezüglich dieses weiten Begriffs repräsentiert und gleichzeitig dazu beiträgt ihn aufrechtzuerhalten: „Über Geschmack lässt sich streiten. Über Nachhaltigkeit nicht" (vgl. Rewe Group [o. A.]: GRI 417-1: Nachhaltigen Konsum fördern, o.O. 2022, URL: https://rewe-group-nachhaltigkeitsbericht.de/2021/de/gruene-produkte/nachhaltigen-konsum-foerdern/index.html, Stand: 11.10.22).

185 Vergleiche beispielsweise: Ingolfur Blühdorn u. a.: Nachhaltige Nicht-Nachhaltigkeit, Warum die ökologische Transformation der Gesellschaft nicht stattfindet, Bielefeld 2020.

und zumindest „an den Rändern", in bestimmten Subsystemen, Raum für andere Deutungen des Begriffs Nachhaltigkeit vorhanden ist. Inwieweit diese dann jedoch die öffentliche Wahrnehmung und Meinung erreichen und beeinflussen oder sich gar etablieren, bleibt vor dem Hintergrund des hier Gesagten dann eine Frage der weiteren Entwicklung der systemspezifischen Randbedingungen.[186]

186 Vgl. Kanitscheider, Im Innern der Natur, S. 162.

7. Fazit

Ziel dieser Analyse war es, aus der Perspektive eines nichtreduktiven Naturalismus und mit Rekurs auf für diesen maßgebliche Selbstorganisationstheorien ein systematisches Argument zur Ausdifferenzierung des Nachhaltigkeitsbegriffs zu formulieren. Diese Differenzierung wurde eingangs mit Hilfe von 3 Thesen angedeutet, die so dann mit Blick auf Bedingungen für und Grenzen von Nachhaltigkeit als Begriff und normatives Konzept argumentativ untermauert wurden. Die zentralen Befunde dieser Analyse seien hier mit Blick auf diese drei Thesen nun nochmal in knapper Form dargestellt.

Den Ausgangspunkt bildete zunächst der Versuch einer inhaltlichen Bestimmung des mehrdeutigen Begriffs der Nachhaltigkeit. Dieser Bestimmungsversuch führte zu einer Ausdifferenzierung des Begriffs und der sich daran anschließenden Bewertung um Möglichkeiten und Grenzen der Realisierung von ethischen Konzepten, die unter dem Begriff der Nachhaltigkeit in Gesellschaften diskutiert werden.

Verfechter eines *starken Nachhaltigkeitsbegriffs* verstehen, das konnte gezeigt werden, Nachhaltigkeit als ethische Konzepte, die bestimmte Verhaltensweisen (Kognitions-Emotions-Verhaltensmuster) fordern, die den Ideen/den Idealen a) der „gleichgerechten" inter- und intragenerationellen Verteilung und/oder b) der Erhaltung eines bestimmten vage gefassten „Naturkapitals oder „natürlicher Ressourcen" innerhalb eines bestimmten, nicht selten global verstandenen, ökologisch-sozial-ökonomischen Systems und somit insgesamt bestimmter Systemzustände entsprechen.[187]

187 Vgl. Hirsch Hadorn, Brun, Ethische Probleme nachhaltiger Entwicklung, S. 239–240.

Auf diesen zunächst starken Begriff Bezug nehmend konnte dann im Sinne einer argumentativen Stützung der These 1 der Einleitung gezeigt werden, dass humane Systeme und die aus diesen hervorgehenden kulturell-technischen Phänomene als das Ergebnis von durch Prinzipien von Selbstorganisationstheorien beschreibbare Musterbildungsprozesse offener Systeme gedeutet werden können. Zentral war in diesem Zusammenhang die auf die empirisch-sozialwissenschaftliche Forschung Bezug nehmende anthropologische Annahme, dass sich bestimmte Kognitions-Emotions-Verhaltensmuster in sozialen Gruppen in *und* als ein bestimmter Natur-Kultur-Zusammenhang vor allem durch unbewusste emotiv geprägte Konformitäts- oder Synchronisationseffekte kollektiv etablieren, die dann den effizientesten Formen der Degradation der freien Energie unter den jeweiligen Randbedingungen entsprechen. Diese kontinuierliche selbstorganisierte Etablierung spezifischer Kognitions-Emotions-Verhaltensmuster und daran gekoppelter Kulturprodukte, unter bestimmten ebenfalls in dauerhafter (instabilitätsbasierten) Veränderung begriffenen Randbedingungen, führt zu einem kontinuierlichen Wandel der jeweiligen sozialen Systeme. Dies ließ den Schluss zu, dass sich von Erhaltung bestimmter Systemzustände oder der Erhaltung bestimmter Elemente, also bestimmter „natürlicher Ressourcen" innerhalb bestimmter Systeme in einem bestimmten Zustand, auf der Ebene empirisch wahrnehmbarer Objektsysteme nur schwer reden lässt. Dieser Befund umschließt dann auch die für starke Nachhaltigkeitskonzepte leitende Idee der intergenerationellen (Verteilungs-)Gerechtigkeit.

Daran anknüpfend konnte gezeigt werden, dass die durch Instabilität- und Synchronisationseffekte womöglich innerhalb bestimmter sozialer Systeme etablierten Kognitions-Emotions-Verhaltensmuster und daran gekoppelte (im Sinne der Degradation freier Energie möglichst effiziente) kulturell-technische Strukturen dann als bestimmte autokatalytisch wirksam werdende Strukturen andere Strukturen ausschließen oder in starke Konkurrenz mit diesen treten und somit zu mehr oder weniger Ungleichheit bzw. Ungerechtigkeit führen können – dahingehend, dass eine ungleiche Verteilung von Ressourcen oder Gütern innerhalb einer bestimmten Generation beobachtbar wird. Diese Dynamik mag dann auch die dauerhafte globale Etablierung eines Systemzustandes, der der „Gleichverteilung“ sozioökonomischen Verhaltens (und der daran gekoppelten Ressourcen und kulturell-technischen Strukturen) entsprechen würde und somit auch die empirisch wahrnehmbare Realisierung von intragenerationeller Gerechtigkeit zweifelhaft, wenn nicht gar unmöglich machen (These 1 der Einleitung).

Das soeben Gesagte mündete dann in einem anderen, einem *schwachen Nachhaltigkeitsbegriff* und -verständnis (These 2 der Einführung), welches vor allem auch die potentiell in offenen Systemen angelegte, selbstorganisierte Wandlungs- und Entwicklungsfähigkeit betont. Auch wenn von Nachhaltigkeit im starken Sinne einer dauerhaften, gleichverteilten Erhaltung bestimmter Systemzustände und somit bestimmter „natürlich Ressourcen“ kaum schlüssig geredet werden kann, so doch in einem schwachen Sinne, verstanden als a) qualitative Verschiebung und b) quantitative Verlangsamung spezifischer energie- und materiebasierter Degradationsprozesse innerhalb bestimmter ökologisch-sozial-ökonomischer Systeme unter bestimmten Bedingungen, durch ein spezifisches empirisch wahrnehmbares Verhalten von Menschen als wesentliche Teile dieser Systeme.

Verschiebung meint in diesem Zusammenhang, dass bestimmte, durch bestimmte soziale Systeme hervorgebrachte, über entsprechende Synchronisationseffekte kollektiv geteilte, technisch-kulturelle Strukturen, als unter den gegebenen Randbedingungen effektivste Formen der Degradation der freien Energie bei einer Verknappung der Energie- und/oder Materiequellen, die sie zu ihrer Aufrechterhaltung benötigen, auf die jeweilige humane Population zurückwirken. Dahingehend, dass sie gewissermaßen mehr oder weniger bewusste Suchprozesse nach alternativen, unter den neu gegebenen Randbedingungen nun effektiveren Formen des Wirtschaftens, als spezifische Kognitions-Emotions-Verhaltensmuster, initiieren, die sich dann als instabilitätsbasierte Verschiebungsprozesse in den materiell-energetischen Grundlagen zeigen.

Daneben konnte in Ansätzen belegt werden, dass eine empirisch fassbare *Verlangsamung* in den Degradationsprozessen möglicherweise 1) bei Isolation und/oder 2) sozioökonomischer Konsolidierung des jeweils betrachteten sozialen Systems beobachtbar wird. Unter 1) konnte gezeigt werden, wie in bestimmten mehr oder weniger stark isolierten menschlichen Populationen bestimmte Kognitions-Emotions-Verhaltensmustern und daran gekoppelte technisch-kulturelle Strukturen temporär tradiert werden, die im direkten Vergleich mit vor allem westlichen, industriell geprägten Populationen quantifizierbar verlangsamte Energie- und Stoffflüsse pro Kopf aufweisen. Unter 2) wurde dann am Beispiel von Allmendegütern in Ansätzen belegt, wie in Abhängigkeit von der sozioökonomische Konsolidierung der Individuen eines betrachteten sozialen Systems (als externer Kontrollparameter) die systeminterne „Synchronisationsbereitschaft" (als interner Kontrollparameter) steigt oder sinkt. Daran anknüpfend wurde gezeigt, dass starke Synchronisationseffekte im bereichsspezifischen, ökonomischen Entscheidungsverhalten der Individuen eines sozialen Systems sich in beschleunigten Degradationsprozessen innerhalb des betrachteten ökonomischen Systems zeigen und umgekehrt geringere Synchronisationseffekte zu einer (verhältnismäßigen) Verlangsamung in den Degradationsprozessen führen (These 2 der Einleitung).

Ein in dieser Weise über die Begriffe der Verschiebung und Verlangsamung inhaltlich fundierter schwacher Nachhaltigkeitsbegriff betont dann, das lässt sich hier nochmal festhalten, neben dem möglicherweise durch Selbstorganisationstheorien prinzipiell beschreibbaren Entwicklungsgedanken vor allem auch die Kontextabhängigkeit von mehr oder weniger nachhaltigem Verhalten von Individuen in bestimmten Systemen unter bestimmten (Rand-)Bedingungen.

Im Anschluss an die Ausführungen zu These 2 konnte dann gezeigt werde, dass das, was unter Nachhaltigkeit von Einzelnen oder bestimmten Gruppen verstanden wird, also welche Bedeutung dem Begriff zugeschrieben wird, abhängig zu sein scheint von den jeweils systemspezifischen Randbedingungen, die jeweils andere, neue Bedeutungszuschreibungen über entsprechende Synchronisationseffekte zwischen den Individuen des jeweils betrachten sozialen Systems realisieren. *Welche*r Bedeutungsrahmen das ist und inwiefern hinter diesem auf der Ebene des empirisch wahrnehmbaren Verhaltens ein als mehr oder weniger stark oder schwach nachhaltig zu bezeichnendes Verhalten der jeweiligen Individuen tatsächlich zu beobachten ist oder aber auch nicht, scheint in diesem Zusammenhang wesentlich davon abzuhängen, welche Bedeutungszuschreibung unter den jeweils systemspezifisch gegebenen Randbedingungen effektiv zu sein scheint mit Blick auf spezifische Degradationsprozesse. Somit gibt es vielleicht nicht *den* einen Nachhaltigkeitsbegriff oder *das* „richtige“ nachhaltige Verhalten. Aber dennoch so etwas wie einen über starke Synchronisationseffekte in bestimmten sozialen Systemen erklärbaren mehr oder weniger bewussten „Drang“ oder sogar „Zwang“ den Begriff und ein daran gekoppeltes normatives Konzept von Nachhaltigkeit, so eng oder weit dieses auch im systemspezifischen Einzelfall sein mag, auf der Ebene des Sprechens und Handelns mit zu tragen (These 3 der Einleitung).

Man könnte somit abschließend und mit Blick auf Spielarten von Konzepten starker Nachhaltigkeit womöglich festhalten, dass sie gewissermaßen, in Anlehnung an Horkheimer und Adorno oder auch Schmidt, von der (historisch gewachsenen, „aufklärerischen“) Idee der Verfügbarmachung, Verdinglichung und/ oder bewussten Machbarkeit und Optimierung von Natur-Kultur im Sinne einer festen, „technisch umsetzbaren“ Vorstellung von „idealen“ Lebensbedingungen für alle Menschen ausgehen.[188] Die Realisierung oder technische Lösung dieser Idee scheint vor dem Hintergrund des hier Gesagten schwierig wenn nicht gar unmöglich. Diese vermeintliche Unmöglichkeit der Lösung des „Nachhaltigkeitsproblems“ auszusprechen, erscheint in zunehmend „technophilen“, an die exakte Kontrollierbarkeit und Modellierbarkeit von nahezu Allem, – Natur, Kultur und den Menschen – glaubenden, nachmodernen Gesellschaften fast schon als eine Art Mutprobe.[189]

188 Vgl. Adorno, Horkheimer, Dialektik der Aufklärung, S. 15, 61ff. Schmidt, Die Selbstoptimierung des Selbst, S. 249. – Mit Horst Eberhard Richter mag sich hier möglicherweise der durch ihn diagnostizierte kollektive nachmittelalterliche Ohnmacht-Allmachts-Komplex in einer weiteren, neuen Spielart ausdrücken. Als (unbewusster) kompensatorischer Versuch die leidvolle Situation eines unsicheren, zerbrechlichen, von (individuell emotionalen und allgemein naturgesetzlichen) Abhängigkeiten geprägten und endlichen Daseins durch (ver-)wissenschaftlich-technische Natur- und Selbstbeherrschung zu sublimieren. Diese Deutung könnte sich sowohl aus einer tiefenpsychologischen als auch einer thermodynamischen Perspektive als plausibel erweisen (vgl. Horst Eberhard Richter: Der Gotteskomplex. Die Geburt und die Krise des Glaubens an die Allmacht des Menschen, Reinbek 1979, S. 27, 30–31, 129.)

189 Vgl. Hardin, Die Tragik der Allmenden, S. 29. David Hilbert: Mathematische Probleme, in: Pavel S. Alexandrov (Hrsg.): Die Hilbertschen Probleme, Frankfurt am Main 2007 (1900), S. 33. Schmidt, Die Selbstoptimierung des Selbst, S. 250–251. – Nachhaltigkeit hier, dies sei nochmals betont, in einem starken Sinne verstanden.

Betont werden soll an dieser Stelle nun noch einmal, dass sich dieser hier formulierte Befund aus einer nichtreduktiven, naturalistischen Perspektive ergibt. Wobei naturalistischen Positionen ganz grundsätzlich und immer wieder neu zum Vorwurf gemacht wird, genau einem solchen, womöglich reduktiven, „machbaren" Selbst- und Weltbild Vorschub zu leisten.[190]

Hier folgte daraus jedoch etwas anderes. Namentlich, dass es die Menschen sind, die a) im Sinne des hier entwickelten schwachen Nachhaltigkeitsbegriffs[191] und b) im Sinne pluraler Begriffs- bzw. Bedeutungsbildungen unter den unterschiedlichsten Bedingungen immer wieder neu aber womöglich nie endgültig „gut" oder „gerecht" hier und jetzt *mit* formen und gleichzeitig mit geformt werden. Vielleicht bleibt es bei dieser systemischen, selbstorganisierten Dialektik. Der man auch etwas Tröstliches abgewinnen kann, weil sie den Menschen, zumindest in Teilen, der Rolle des alleinigen „Steuermanns" dieser chronisch, vielgestaltig nach vorne stürzenden „Megamaschine Erde" entbindet und ihn zurückwirft auf die anthropologische Frage danach, wer er denn *eigentlich* ist.[192]

Ein solches Ergebnis mag möglicherweise nicht alle zufriedenstellen. So betont es dennoch den Wert einer sich ständig im Wandel begriffenen Natur-Kultur und unsere sinnstiftende Eingebundenheit in diese und schafft womöglich jene Gelassenheit, der es bedarf den Wandel als „unausweichlichen Normalzustand" anzuerkennen.[193] Und schlussendlich erhöht

190 Vgl. ebd. S. 236ff., 248, 250.

191 Hier verstanden als Verschiebung und Verlangsamung von Degradationsprozessen in bestimmten Systemen.

192 Peter Sloterdijk: Die schrecklichen Kinder der Neuzeit. Über das anti-genealogische Experiment der Moderne, Berlin 2014, S. 487f. Ralf Fücks: Freiheit verteidigen: Wie wir den Kampf um die offene Gesellschaft gewinnen, München, 2017, S. 161, 162.

193 Vgl. Thomas Druyen: Resümee, in Thomas Dryen (Hrsg.): Die ultimative Herausforderung – über die Veränderungsfähigkeit der Deutschen, Wiesbaden 2018, S. 323. – Womöglich gibt es eine Tendenz im Menschen an bestimmten in bestimmten Kontexten bewährten Kognitions-Emotions-Verhaltensmustern auch bei sich verändernden Umständen so lange wie eben möglich festzuhalten (man könnte hier von „Überhangstabilität" sprechen) (vgl. Schulte-Tickmann, Einheit und Vielfalt des Wissens, S. 191). Inwieweit sich möglicherweise in bestimmten Spielarten von Nachhaltigkeitskonzepten auch eine „Rückwärtsgewandtheit" und/oder daran gekoppelte Angst vor Veränderung und Verlust des Erreichten manifestiert, muss an dieser Stelle eine offene Frage bleiben (vgl. Thomas Druyen: Die Zukunft ist das Vermächtnis der Veränderung. Die

die Tatsache, dass womöglich nichts von all dem ewig währt, die Wichtigkeit all dessen, was hier und jetzt zu finden ist.[194]

Vermächtnisstudie als Ausgangspunkt, in: Thomas Druyen [Hrsg.]: Die ultimative Herausforderung – über die Veränderungsfähigkeit der Deutschen, Wiesbaden 2018, S. 15. Jutta Allmendinger, Thomas Druyen: Zukunftsoptimismus und Zukunftsangst – strukturelle und psychologische Faktoren, in: Thomas Druyen [Hrsg.]: Die ultimative Herausforderung – über die Veränderungsfähigkeit der Deutschen, Wiesbaden 2018, S. 311. Wolfgang Schmidbauer: Wir sind eine überforderte Gesellschaft, in: UmweltDialog 13 [2020], S. 28–30).

194 Vgl. Franzen, Wann hören wir endlich auf, uns etwas vorzumachen?, S. 59.

8. Literatur

Akerlof, G., Shiller, R.: Animal Spirits. Wie Wirtschaft wirklich funktioniert, Frankfurt 2009.

Allmendinger, J., Druyen, T.: Zukunftsoptimismus und Zukunftsangst – strukturelle und psychologische Faktoren, in: Druyen, T. (Hrsg.): Die ultimative Herausforderung – über die Veränderungsfähigkeit der Deutschen, Wiesbaden 2018, S. 305–320.

Aristoteles: Nikomachische Ethik, übersetzt von Rolfes, E., Leipzig 1911, URL: https://www.projekt-gutenberg.org/aristote/nikomach/titlepage.html, Stand: 29.09.22.

Aristoteles: Politik, übersetzt von Rolfes, E., Hamburg 1981.

Aristoteles: Physikvorlesung, Teilband I: Bücher I–IV, hrsg. von Heinemann, G., Hamburg 2021.

Asch, S. E.: Social Psychology, Englewood Cliffs 1952.

Baader, R.: Erfindung und Entbehrung. Begriffserklärung III: „Nachhaltigkeit, in: Schweizer Monatsheft, Nr. 12/01 (2007/2008), S. 12–13.

Barry, B.: Sustainability and Intergenerational Justice, in: Dobson, A. (Hrsg.): Fairness and Futurity. Essays on Environmental Sustainability and Social Justice, Oxford, New York 1999, S. 93–117.

Beckerman, W.: „Sustainable Development“: Is it a Useful Concept?, in: Envirомental Values 3 (1994), S. 191–209.

Benkler, Y.: The Wealth of Networks: How Social Production Transforms Markets and Freedom, New Haven, London 2006.

Bieri, P.: Untergräbt die Regie des Gehirns die Freiheit des Willens? in: Gestrich, C., Wabel, T. (Hrsg.): Freier oder unfreier Wille? Handlungsfreiheit und Schuldfähigkeit im Dialog der Wissenschaften, Berlin 2005, S. 20–36.

Binswanger, M.: Das Entropiegesetz als Grundlage einer ökologischen Ökonomie, in: Beckenbach, F., Diefenbacher, H. (Hrsg.): Zwischen Entropie und Selbstorganisation. Perspektiven einer ökologischen Ökonomie, Marburg 1994, S. 155–200.

Birnbacher, D., Schicha, C.: Vorsorge statt Nachhaltigkeit – ethische Grundlagen der Zukunftsverantwortung, in: Birnbacher, D., Brudermüller, G. (Hrsg.): Zukunftsverantwortung und Generationensolidarität, Würzburg 2001, S. 17–33.

Bhavani, R., Donnay, K., Miodownik, D., Mor, M., Helbing, D.: Group Segregation and Urban Violence, in: American Journal of Political Science 1 (2014), S. 226–245.

Blackburn, S.: Denken. Die großen Fragen der Philosophie, übersetzt von Schäfer, G., Darmstadt 2001.

Blühdorn, I., Butzlaff, F., Deflorian, M., Hausknost, D., Mock, M.: Nachhaltige Nicht-Nachhaltigkeit, Warum die ökologische Transformation der Gesellschaft nicht stattfindet, Bielefeld 2020.

Brüderlin, M.: Avantgarde der Entschleunigung. Bewegung und Ruhe in der Kunst der Moderne von Goethe über Caspar David Friedrich bis Ai Weiwei, in: Brüderlin, M. (Hrsg.): Die Kunst der Entschleunigung, Ostfildern 2011, S. 14–62.

Bunge, M., Mahner, M.: Über die Natur der Dinge. Materialismus und Wissenschaft, Stuttgart 2004.

Burke, M., Hsiang, S. M., Miguel, E.: Global Non-linear Effect of Temperature on Economic Production, in: Nature 527 (2015), S. 235–239.

Campbell, N. A., Reece, J. B.: Biologie, hrsg. von Markl, J., München 2006.

Carroll, L.: Alice hinter den Spiegeln, übersetzt von Enzensberger, C., Frankfurt am Main 1963.

Christmann, A.: Anwendung der Synergetik und Chaostheorie in der Ökonomie, Karlsruhe 1990.

Daly, H. E.: Wirtschaft jenseits von Wachstum, Salzburg 1999.

de Saussure, F.: Cours de linguistique générale. Zweisprachige Ausgabe französisch-deutsch mit Einleitung, Anmerkungen und Kommentar, hrsg. von Wunderli, P., Tübingen 2013.

Diamond, J.: Kollaps. Warum Gesellschaften überleben oder untergehen, übersetzt von Vogel, S., Frankfurt am Main 2014.

Dieci, R., Westerhoff, F.: A Simple Model of a Speculative Housing Market, in: Journal of Evolutionary Economics 2 (2012), S. 303–329.

Dresner, S.: The Principles of Sustainability, London 2008.

Druyen, T.: Die Zukunft ist das Vermächtnis der Veränderung. Die Vermächtnisstudie als Ausgangspunkt, in: Druyen, T. (Hrsg.): Die ultimative Herausforderung – über die Veränderungsfähigkeit der Deutschen, Wiesbaden 2018, S. 7–25.

Druyen, T.: Resümee, in Dryen, T. (Hrsg.): Die ultimative Herausforderung – über die Veränderungsfähigkeit der Deutschen, Wiesbaden 2018, S. 321–327.

Dueck, G.: Abschied vom Homo oeconomicus. Warum wir eine neue ökonomische Vernunft brauchen, Frankfurt am Main 2008.

Eigen, M.: Manfred Eigens Theorie über die Evolution biologischer Makromoleküle, in: Umschau 14 (1973), S. 420–422.

Eigen, M.: Stufen zum Leben. Die frühe Evolution im Visier der Molekularbiologie, München 1987.

Engels, E.-M.: Von der naturethischen Einsicht zum moralischen Handeln. Ein Problemaufriss, in: Beyer, A. (Hrsg.): Fit für Nachhaltigkeit? Biologisch-anthropologische Grundlagen einer Bildung für nachhaltige Entwicklung, Opladen 2002, S. 163–191.

Eppler, G.: Artenschutz und Energiewende, in: Langenhorst, B., Eppler, G., Harthun, M., Kaltwaßer, K., Sörries, M., Schmidt, D.: NABU-Landesverband Hessen e. V. Wetzlar Sommer 2021, S. 2.

Europäische Kommission (o. A.): „Emergy"-Analyse misst Nachhaltigkeit eines Öko-Dorfs, o. O. 2022, URL: https://ec.europa.eu/environment/ecoap/about-eco-innovation/research-developments/italy/243_de, Abruf: 07.10.22.

Flatten, G.: Posttraumatische Belastungsstörungen, in Schiepek, G. (Hrsg.): Neurobiologie der Psychotherapie, Stuttgart 2011, S. 450–471.

Franz, J. H.: Nachhaltigkeit, Menschlichkeit, Scheinheiligkeit. Philosophische Reflexionen über nachhaltige Entwicklung, München 2014.

Franzen, J.: Wann hören wir endlich auf, uns etwas vorzumachen? Gestehen wir uns ein, dass wir die Klimakatastrophe nicht verhindern können, übersetzt von Abarbanell, B., Hamburg 2020.

Friedlingstein, P., Jones, M. W., O'Sullivan, M., Andrew, R. M., Bakker, D. C. E., Hauck, J., Le Quéré, C., Peters, G. P., Peters, W., Pongratz, J., Sitch, S., Canadell, J. G., Ciais, P., Jackson, R. B., Alin, S. R., Anthoni, P., Bates, N. R., Becker, M., Bellouin, N., Bopp, L., Chau, T. T. T., Chevallier, F., Chini, L. P., Cronin, M., Currie, K. I., Decharme, B., Djeutchouang, L. M., Dou, X., Evans, W., Feely, R. A., Feng, L., Gasser, T., Gilfillan, D., Gkritzalis, T., Grassi, G., Gregor, L., Gruber, N., Gürses, Ö., Harris, I., Houghton, R. A., Hurtt, G. C., Iida, Y., Ilyina, T., Luijkx, I. T., Jain, A., Jones, S. D., Kato, E., Kennedy, D., Klein Goldewijk, K., Knauer, J., Korsbakken, J. I., Körtzinger, A., Landschützer, P., Lauvset, S. K., Lefèvre, N., Lienert, S., Liu, J., Marland, G., McGuire, P. C., Melton, J. R., Munro, D. R., Nabel, J. E. M. S., Nakaoka, S.-I., Niwa, Y., Ono, T., Pierrot, D., Poulter, B., Rehder, G., Resplandy, L., Robertson, E., Rödenbeck, C., Rosan, T. M., Schwinger, J., Schwingshackl, C., Séférian, R., Sutton, A. J., Sweeney, C., Tanhua, T., Tans, P. P., Tian, H., Tilbrook, B., Tubiello, F., van der Werf, G. R., Vuichard, N., Wada, C., Wanninkhof, R., Watson, A. J., Willis, D., Wiltshire, A. J., Yuan, W., Yue, C., Yue, X., Zaehle, S., Zeng, J.: Global Carbon Budget 2021, in: Earth System Science Data 14 (2022), S. 1917–2005, URL: https://essd.copernicus.org/articles/14/1917/2022/essd-14-1917-2022.pdf, Stand: 11.10.2022.

Fücks, R.: Freiheit verteidigen: Wie wir den Kampf um die offene Gesellschaft gewinnen, München, 2017.

Giljum, S., Hammer, M., Stocker, A., Lackner, M., Best, A., Blobel, D., Ingwersen, W., Naumann, S., Neubauer, A., Simmons, C., Lewis, K., Shmelev, S.: Wissenschaftliche Untersuchung und Bewertung des Indikators „Ökologischer Fußabdruck", hrsg. vom Umweltbundesamt, Dessau-Roßlau 2007, URL: https://www.umweltbundesamt.de/sites/default/files/medien/publikation/long/3486.pdf, Stand: 07.10.2022.

Gilliland, M. W.: Energy Analysis. A New Public Policy Tool, Boulder 1978.

Glansdorff, P., Prigogine, I.: Thermodynamic Theory of Structure, Stability and Fluctuations, London, New York u. a.. 1971.

Goffman, E.: Rollendistanz, in: Steinert, H. (Hrsg.): Symbolische Interaktion. Arbeiten zu einer reflexiven Soziologie, Stuttgart 1973, S. 260–279.

Gowdy, J.: Economic Concepts of Sustainability. Relocating Economic Activity within Society and Enviroment, in: Becker, E., Jahn, T. (Hrsg.): Sustainability and the Social Science. A Cross-disciplinary Approach to Integrating Enviromental Considerations into Theoretical Reorientation, London, New York 1999, S. 162–181.

Grabe, L.: Das „Projekt Nachhaltigkeit". Zu den Grenzen des Nachhaltigkeitskonzepts aus kultureller Perspektive, hrsg. von Kagan, S., Brocchi, D. o. Ort 2010 URL: http://magazin.cultura21.de/_data/magazin-cultura21-de_addwp/2010/12/MA-Lisa-Grabe-c21-ebooks.pdf, Stand: 11.10.2022.

Grober, U.: Die Entdeckung der Nachhaltigkeit. Kulturgeschichte eines Begriffs, München 2010.

Grober, U.: Die Erde zuerst. Über den Begriff „Nachhaltigkeit" – und wie damit Unsinn getrieben wird, in: Greenpeace Magazin 3 (2010), S. 66–69.

Grunwald, A., Kopfmüller, J.: Nachhaltigkeit, Frankfurt am Main 2006.

Haag, G.: Modelling with the Master Equation. Solution Methods and Applications in Social and Natural Sciences, Cham 2017.

Haag, G., Weidlich, W., Mensch, G.: The Schumpeter Clock, in: Batten, D., Casti, J., Johansson, B. (Hrsg.): Economic Evolution and Structural Adjustment, Berlin, Heidelberg 1987, S. 187–226.

Haken, H.: A Nonlinear Theory of Laser Noise and Coherence, in: Zeitschrift für Physik 181 (1964), S. 96–124.

Haken, H.: Synergetik. Eine Einführung, übersetzt von Wunderlin, A., Berlin, Heidelberg 1983.

Haken, H.: Entwicklungslinien der Synergetik. Forschungsberichte der Abteilung für Psychotherapie 14-1, hrsg. von Tschacher, W., Bern 2014, URL: https://embodiment.ch/research/researchpapers/FB14_1.pdf, Stand: 04.10.2022.

Haken, H., Graham, R.: Synergetik – Die Lehre vom Zusammenwirken. Was verbindet die Physik, Chemie und Biologie? In: Umschau 6 (1971), S. 191–195.

Haken, H., Schiepek, G.: Synergetik in der Psychologie. Selbstorganisation verstehen und gestalten, Göttingen, Bern u. a. 2006.

Harari, Y. N.: Homo Deus. Eine Geschichte von Morgen, übersetzt von Wirthensohn, A., München 2017.

Hardin, G.: The Tragedy of the Commons, in: Science 162 (1968), S. 1243–1248.

Hardin, G.: Die Tragik der Allmende, in: Lohmann, M. (Hrsg.): Gefährdete Zukunft. Prognosen angloamerikanischer Wissenschaftler, München 1970, S. 29–46.

Hartmann, K.: Die grüne Lüge. Weltrettung als profitables Geschäftsmodell, München 2018.

Helbing, D.: Verkehrsdynamik: Neue physikalische Modellierungskonzepte, Berlin, Heidelberg 1997.

Helbing, D.: Modeling of Socio-Economic Systems, in: Helbing, D. (Hrsg.): Social Self-Organization. Agent-Based Simulations and Experiments to Study Emergent Social Behavior, Berlin, Heidelberg 2012, S. 1–24.

Helbing, D., Weidlich, W.: Quantitative Soziodynamik. Gegenstand, Methodik, Ergebnisse und Perspektiven, in: Kölner Zeitschrift für Soziologie und Sozialpsychologie 1 (1995), S. 114–140.

Helbing, D., Johansson, A.: Self-organization in Pedestrian Crowds, in: Helbing, D: (Hrsg.): Social Self-Organization. Agent-Based Simulations and Experiments to Study Emergent Social Behavior, Berlin, Heidelberg 2012, S. 71–99. Erstpublikation in: Helbing, D., Johansson, A.: Pedestrian, Crowd and Evacuation Dynamics, in: Encyclopedia of Complexity and Systems Science 16 (2010), S. 6476–6495.

Held, M., Kümmerer, K.: Rhythmen und Resilienz. Nachhaltige Entwicklung in zeitlicher Perspektive, in: Ipsen, D., Schmidt, J. C. (Hrsg.): Dynamiken der Nachhaltigkeit, Marburg 2004, S. 113–150.

Henke, W., Rothe, H.: Menschwerdung, Frankfurt am Main 2003.

Heraklit: Fragmente, hrsg. von Snell, B., München 1983.

Hesse, H: Die Stadt, in: Hesse, H.: Das Leben bestehen. Krisis und Wandlung, hrsg. von Volker Michels, Frankfurt am Main 1986.

Hilbert, D.: Mathematische Probleme, in: Alexandrov, P. S. (Hrsg.): Die Hilbertschen Probleme, Frankfurt am Main 2007 (1900), S. 22–80.

Hirsch Hadorn, G., Brun, G.: Ethische Probleme nachhaltiger Entwicklung, in: Ruth Kaufmann, Paul Burger, Martine Stoffel (Hrsg.): Nachhaltigkeitsforschung. Perspektiven der Sozial- und Geisteswissenschaften, Bern 2007, S. 235–253.

Horkheimer, M., Adorno, T. W.: Dialektik der Aufklärung. Philosophische Fragmente, Frankfurt am Main 1988.

Hummel, M., Ipsen, D.: Bedingungen nachhaltiger Ressourcennutzungssysteme zum Schutz der biologischen Vielfalt, in: Ipsen, D., Schmidt, J. C. (Hrsg.): Dynamiken der Nachhaltigkeit, Marburg 2004, S. 151–175.

Ioannidis, J. P. A.: Why Most Published Research Findings Are False. PloS Medicine 2 (2005), S. 696–701, URL: https://journals.plos.org/plosmedicine/article/file?id=10.1371/journal.pmed.0020124&type=printable, Stand: 11.10.2022.

Ipsen, D.: Substitutionsprozesse und Nachhaltigkeit. Zur Wahrnehmung der Kritikalität von Ressourcen, in: Ipsen, D., Schmidt, J. C. (Hrsg.): Dynamiken der Nachhaltigkeit, Marburg 2004, S. 293–312.

Jacobs, M.: Sustainability and Markets. On the Neo-classical Model of Enviromental Economics, in: Kenny, M., Meadowcroft, J. (Hrsg.): Planning Sustainability, London, New York 1999, S. 78–100.

Jonas, H.: Das Prinzip Verantwortung. Versuch einer Ethik für die technologische Zivilisation, Frankfurt 1979.

Jung, C. G.: Über die Entwicklung der Persönlichkeit, hrsg. von Jung-Merker, L., Rüf, E., Ostfildern 1995 (1934).

Kahneman, D.: Schnelles Denken, Langsames Denken, München 2012.

Kanitscheider, B.: Wissenschaftstheorie der Naturwissenschaft, Berlin 1981.

Kanitscheider, B.: Im Innern der Natur. Philosophie und Moderne Physik, Darmstadt 1996.

Kanitscheider, B.: Chaos und Selbstorganisation in Natur- und Geisteswissenschaft, in: Vec, M., Hütt, M.-T., Freund, A. M. (Hrsg.): Selbstorganisation. Ein Denksystem für Natur und Gesellschaft, Köln 2006, S. 66–90.

Kanitscheider, B.: Die Materie und ihre Schatten. Naturalistische Wissenschaftsphilosophie, Aschaffenburg 2007.

Kant, I.: Kritik der Urteilskraft, hrsg. von Poferl, R., Köln 2015 (1790).

Kant, I.: Kritik der Urteilskraft, hrsg. von Raymund Schmidt, Leipzig 1930.

Kondratieff, N. D.: Die langen Wellen der Konjunktur, in: Parvus, K. K., Trotzki, L., Kondratieff, N. D., Mandel, E.: Die langen Wellen der Konjunktur. Beiträge zur Marxistischen Konjunktur- und Krisentheorie, Berlin 1972, S. 133–169.

Krebs, A.: Naturethik im Überblick, in: dies. (Hrsg.): Naturethik. Grundtexte der gegenwärtigen tier- und ökoethischen Diskussion, Frankfurt am Main 1997, S. 337–379.

Kröger, B.: Hermann Haken und die Anfangsjahre der Synergetik, Berlin 2013.

Kuckartz, U., Rheingans-Heintze, A.: Trends im Umweltbewusstsein. Umweltgerechtigkeit, Lebensqualität und persönliches Engagement, Wiesbaden 2006.

Küng, H.: Das Weltethos. Hinführung – Begründung – Konkretisierung, in: Reinalter, H. (Hrsg.): Perspektiven der Ethik, Innsbruck, Wien, München 1999, S. 361–379.

Küppers, B.-O.: Wissen statt Moral. Fünf Thesen zur Wissensgesellschaft, Köln 2010.

Lazarsfeld, P. F., Berelson, B., Gaudet, H.: The People's Choice. How the Voter Makes Up His Mind in a Presidential Campaign, New York 1944/48.

Le Quéré, C., Raupach, M. R., Canadell, J. G., Marland, G., Bopp, L., Ciais, P., Conway, T. J., Doney, S. C., Feely, R. A., Foster, P., Friedlingstein, P., Gurney, K., Houghton, R. A., House, J. I., Huntingford, C., Levy, P. E., Lomas, M. R., Majkut, J., Metzl, N., Ometto, J. P., Peters, G. P., Prentice, I. C., Randerson, J. T., Running, S. W., Sarmiento, J. L.,.Schuster, U., Sitch, S., Takahashi, T., Viovy, N., van der Werf, G. R., Woodward, F. I.: Trends in the Sources and Sinks of Carbon Dioxide, in: Nature Geoscience 2 (2009), S. 831–836, URL: https://doi.org/10.1038/ngeo689, Stand: 26.09.2022.

Leggewie, C., Welzer, H.: Das Ende der Welt, wie wir sie kannten. Klima, Zukunft und die Chancen der Demokratie, Frankfurt am Main 2009.

Leinemann, J., Schnibben, C.: „Cool bleiben, nicht kalt." Der Fernsehmoderator Hanns Joachim Friedrichs über sein Journalistenleben, in: Der Spiegel 13 (1995) S. 112–119, URL: https://magazin.spiegel.de/EpubDelivery/spiegel/pdf/9176410, Stand: 27.09.22.

Lévi-Strauss, C.: Traurige Tropen, übersetzt von Eva Moldenhauer, Frankfurt am Main 1999.

Lotka, A. J.: Contribution to the Energetics of Evolution, in: Proceedings of the National Academy of Science 8 (1922), S. 147–151.

Mahner, M., Bunge, M.: Philosophische Grundlagen der Biologie, Berlin, Heidelberg 2000.

Mathis, K.: Nachhaltige Entwicklung und Generationengerechtigkeit. Eine interdisziplinäre Studie aus rechtlicher, ökonomischer und philosophischer Sicht, hrsg. von Kahl, W., Tübingen 2017.

Meirelles, J. C. in: McQueen, A.: Das Ende von Eden, Frankreich 2017.

Meirelles, J. C.: Terras compartilhadas por povos indígenas isolados e contatados: o Alto Rio Envira como estudo de caso, in: Tipití. Journal of the Society for the Anthropology of Lowland South America, 16 (2018), S. 120–124.

Mensch, G.: Das technologische Patt. Innovationen überwinden die Depression, Frankfurt am Main 1975.

Mitchell, S.: Komplexitäten. Warum wir erst anfangen die Welt zu verstehen, Frankfurt am Main 2008.

Mohrs, T.: Unfit für Nachhaltigkeit? Überlegungen zur Kompatibilität von „Nachhaltigkeit“ mit unserer „ersten Natur“, in: Geiss, J., Wortmann, D., Zuber, F. (Hrsg.): Nachhaltige Entwicklung – Strategie für das 21. Jahrhundert? Eine interdisziplinäre Annäherung, Opladen 2003, S. 177–198.

Moore, G. E.: Principia Ethica, Cambridge 1993.

Müller-Benedict, V.: Chaos und Selbstorganisation. Neue theoretische Ansätze in den Sozialwissenschaften, in: Historical Social Research 1 (1996), S. 26–93.

Müller-Benedict, V.: Selbstorganisation in sozialen Systemen. Erkennung, Modelle und Beispiele nichtlinearer Dynamik, Opladen 2000.

Nachtigall, C.: Selbstorganisation und Gewalt, Münster 1998.

Noelle-Neumann, E.: Die Schweigespirale. Öffentliche Meinung – Unsere soziale Haut, München 2001.

Odum, H. T.: Self-Organization and Maximum Empower, in: Hall, C. A. S. (Hrsg.): Maximum Power. The Ideas and Applications of H. T. Odum, Niwot 1995, S. 311–330.

Orsucci, F. F., Musmeci, N., Aas, B., Schiepek, G., Reda, M. A., Canestri, L., Giuliani, A., de Felice, G.: Synchronization Analysis of Language and Physiology in Human Dyads, in: Nonlinear Dynamics, Psychology and Life Sciences 2 (2016), S. 167–191.

Ostrom, E.: Die Verfassung der Allmende. Jenseits von Staat und Markt, übersetzt von Schöller, E., Tübingen 1999.

Ott, K.: Eine Theorie „starker“ Nachhaltigkeit, in: Altner, G., Michelsen, G. (Hrsg.): Ethik und Nachhaltigkeit. Grundsatzfragen und Handlungsperspektiven im universitären Agendaprozess, Frankfurt am Main 2001, S. 30–63.

Pacheco, P., Mo, K., Dudley, N., Shapiro, A., Aguilar-Amuchastegui, N., Ling, P.Y., Anderson, C., Marx, A.: Deforestation Fronts: Drivers and Responses in a Changing World, Gland 2021.

Pearce, D. W., Atkinson, G.: Capital Theory and the Measurement of Sustainable Development. An Indicator of Weak Sustainability, in: Ecological Economics 8 (1993), S. 103–108.

Peirce, C. S.: Elements of Logic, hrsg. von Hartshorne, C., Weiss, P. in: Collected Papers of Charles Sanders Peirce, Cambridge 1960.

Peters, G. P., Le Quéré, C., Andrew, R. M., Canadell, J. G., Friedlingstein, P., Ilyina, T., Jackson, R. B., Joos, F., Korsbakken, J. I., McKinley, G. A., Sitch, S., Tans, P.: Towards Real-time Verification of CO_2 Emissions. Nature Climate Change 7 (2017), S. 848–850, URL: https://doi.org/10.1038/s41558-017-0013-9, Stand: 26.09.2022.

Pezzey, J.: Sustainable Development Concepts: An Economic Analysis, Washington D.C. 1992.

Plessner, H.: Die Stufen des Organischen und der Mensch. Einleitung in die philosophische Anthropologie, Berlin 1975.

Ploner, M.: Peer Effects at Campus Cafeterias. An Empirical Investigation into Imitation and Social Proximity, in: Journal of Evolutionary Economics 1 (2013), S. 61–76.

Prigogine, I., Stengers, I.: Dialog mit der Natur. Neue Wege naturwissenschaftlichen Denkens, übersetzt von Griese, F., München 1986.

Rewe Group (o. A.): GRI 417-1: Nachhaltigen Konsum fördern, o. O. 2022, URL: https://rewe-group-nachhaltigkeitsbericht.de/2021/de/gruene-produkte/nachhaltigen-konsum-foerdern/index.html, Stand: 11.10.22.

Richter, H. E.: Der Gotteskomplex. Die Geburt und die Krise des Glaubens an die Allmacht des Menschen, Reinbek 1979.

Russell, B.: Probleme der Philosophie, übersetzt von Bubser, E., Frankfurt am Main 1967.

Russell, B.: Interview, in: Freeman, J. (Hrsg.): Face to Face with John Freeman. Interviews from the BBC TV Series, London 1989, S. 34–47.

Salganik, M. J., Dodds, P. S., Watts, D. J.: Experimental Study of Inequality and Unpredictability in an Artificial Cultural Market, in: Science 311 (2006), S. 854–856.

Schiepek, G. Zellweger, A., Kronberger, H., Aichhorn, W., Leeb, W.: Psychotherapie, in: Schiepek, G. (Hrsg.): Neurobiologie der Psychotherapie, Stuttgart 2011, S. 567–592.

Sebaldt, M.: Sustainable Development: Karriere und Entfaltung einer entwicklungspolitischen Strategie, in: Geiss, J., Wortmann, D., Zuber, F. (Hrsg.): Nachhaltige Entwicklung – Strategie für das 21. Jahrhundert? Eine interdisziplinäre Annäherung, Opladen 2003, S. 59–79.

Sen, A.: Equality of What? The Tanner Lecture on Human Values, Cambridge 1980, S. 195–220.

Schmidbauer, W.: Weniger ist manchmal mehr. Zur Psychologie des Konsumverzichts, Hamburg 1984.

Schmidbauer, W.: Wir sind eine überforderte Gesellschaft, in: UmweltDialog 13 (2020), S. 28–30.

Schmidt, J. C.: Instabilität in Natur und Wissenschaft. Eine Wissenschaftsphilosophie der nachmodernen Physik, Berlin 2008.

Schmidt, J. C.: Das Andere der Natur. Neue Wege zur Naturphilosophie, Stuttgart 2015.

Schmidt, J. C., Ipsen, D.: Dynamische Perspektiven einer nachhaltigen Entwicklung. Eine einleitende Skizze, in: Ipsen, D., Schmidt, J. C. (Hrsg.): Dynamiken der Nachhaltigkeit, Marburg 2004, S. 7–22.

Schmidt, J. C.: Die Selbstoptimierung des Selbst. Zur Technikphilosophie des Neuroenhancements, in: Friedrich, A., Gehring, P., Hubig, C., Kaminski, A., Nordmann, A. (Hrsg.): Arbeit und Spiel, Baden-Baden 2018, S. 227–252.

Schmidt-Salomon, M.: Auf dem Weg zur Einheit des Wissens. Die Evolution der Evolutionstheorie und die Gefahren von Biologismus und Kulturismus, o. O. o. J., URL: http://www.schmidt-salomon.de/bruno/Archiv/einheitwiss.pdf, Stand: 07.10.22.

Schneider, E. D., Sagan, D.: La termodínamica de la vida. Física, cosmología, ecología y evolución, Barcelona 2008.

Schulte-Tickmann, D.: Einheit und Vielfalt des Wissens, Ein naturalistischer Entwurf auf Basis aktueller Selbstorganisationstheorien, Berlin 2022.

Schumpeter, J. A.: Konjunkturzyklen. Eine theoretische, historische und statistische Analyse des kapitalistischen Prozesses, Bd. 1, Göttingen 1961.

Shiller, R. J.: The Subprime Solution. How Today's Global Financial Crisis Happend, and What to Do about It, New Jersey 2008.

Shiller, R. J.: Infectious Exuberance. Financial Bubbles Are Like Epidemics – And We Should Treat Them Both the Same Way, in: The Atlantic (2008), URL: https://www.theatlantic.com/magazine/archive/2008/07/infectious-exuberance/306839/, Stand: 11.10.22.

Sloterdijk, P.: Die schrecklichen Kinder der Neuzeit. Über das anti-genealogische Experiment der Moderne, Berlin 2014.

Spinner, H. F.: Das modulare Wissenskonzept des Karlsruher Ansatzes der integrierten Wissensforschung – Zur Grundlegung der allgemeinen Wissenstheorie für „Wissen aller Arten, in jeder Menge und Güte", in: Weber, K., Nagenborg, M., Spinner, H. F. (Hrsg.): Wissensarten, Wissensordnungen, Wissensregime. Beiträge zum Karlsruher Ansatz der integrierten Wissensforschung, Opladen 2002, S. 13–46.

Stamos, A., Bruyneel, S., Dewitte, S.: Resource Scarcity, Socioeconomic Status and Conformity. The Impact of Resource Scarcity on Responses to Social Influence Depends on Childhood Environments, in: NA – Advances in Consumer Research 44 (2016), S. 635–636, URL: http://www.acrwebsite.org/volumes/1021343/volumes/v44/NA-44, Stand: 18.10.22.

Stegmüller, W.: Hauptströmungen der Gegenwartsphilosophie. Eine kritische Einführung, Band III, Stuttgart 1987.

Strunk, G., Schiepek, G.: Systemische Psychologie. Eine Einführung in die komplexen Grundlagen menschlichen Verhaltens, München 2013.

Strunk, G., Schiepek, G.: Therapeutisches Chaos. Eine Einführung in die Welt der Chaostheorie und der Komplexitätswissenschaften, Göttingen, Bern u. a. 2014.

Sumaila, U. R., Skerritt, D., Schuhbauer, A., Villasante, S., Cisneros-Montemayor, A. M., Sinan, H., Burnside, D.: WTO Must Ban Harmful Fisheries Subsidies, hrsg. von Sills, J., in: Science 374 (2021), S. 544, URL: https://www.science.org/doi/pdf/10.1126/science.abm1680, Abrufdatum: 11.10.2022.

Umweltbundesamt (o. A.): Bodenversiegelung, o. O. 2022, URL: https://www.umweltbundesamt.de/daten/flaeche-boden-land-oekosysteme/boden/bodenversiegelung#was-ist-bodenversiegelung, Stand: 11.10.2022.

Vec, M., Hütt, M.-T., Freund, A. M. (Hrsg.): Selbstorganisation. Ein Denksystem für Natur und Gesellschaft, Köln 2006.

Vollmer, G.: Auf der Suche nach der Ordnung. Beiträge zu einem naturalistischen Welt- und Menschenbild, Stuttgart 1995 (1985).

Vollmer, G.: Im Lichte der Evolution. Darwin in Wissenschaft und Philosophie, Stuttgart 2017.

Weidlich, W.: Synergetische Modelle für eine quantitative Sozialwissenschaft, in: Esser, H., Troitzsch, K. G. (Hrsg.): Modellierung sozialer Prozesse. Neuere Ansätze und Überlegungen zur soziologischen Theoriebildung, Bonn 1991, S. 483–505.

Weidlich, W.: Das Modellierungskonzept der Synergetik für dynamische sozio-ökonomische Prozesse, in: Witt, U. (Hrsg.): Studien zur Evolutorischen Ökonomik II, Berlin 1992, S. 39–63.

Weidlich, W.: Sociodynamics. A Systematic Approach to Mathematical Modelling in the Social Sciences. Mineola, New York 2006.

Whorf, B. L.: Language, Thought and Reality. Selected Writings of Benjamin Lee Whorf, hrsg. von John B. Carroll, Cambridge 1964.

Wilson, E. O.: Biologie als Schicksal. Die soziobiologischen Grundlagen menschlichen Verhaltens, übersetzt von Griese, F., Frankfurt am Main, Berlin, Wien 1980.

World Commission on Environment and Development (WCED): Report of the World Commission on Environment and Development. Our Common Future, Oslo 1987, URL: https://sustainabledevelopment.un.org/content/documents/5987our-common-future.pdf, Stand: 27.09.22.

Kolibri 360 GmbH
Ferdinand-Jühlke-Straße 7
99095 Erfurt, Deutschland
produktsicherheit@kolibri360.de